ASHOK KUMAR M S
VIJAYA G

# Elementos de engenharia mecânica

ASHOK KUMAR M S
VIJAYA G

# Elementos de engenharia mecânica

## Engrenar com um engenheiro mecânico

ScienciaScripts

**Imprint**



Cover image: www.ingimage.com

This book is a translation from the original published under ISBN 978-620-6-78760-0.

Publisher:
Sciencia Scripts
is a trademark of
Dodo Books Indian Ocean Ltd. and OmniScriptum S.R.L publishing group

120 High Road, East Finchley, London, N2 9ED, United Kingdom
Str. Armeneasca 28/1, office 1, Chisinau MD-2012, Republic of Moldova, Europe
Printed at: see last page
**ISBN: 978-620-7-70590-0**

Conteúdo

CAPÍTULO-1

## Introdução à engenharia mecânica

**Que papel desempenha um engenheiro mecânico na nossa sociedade e nas indústrias?**

Os engenheiros mecânicos estão envolvidos em quase todos os aspectos da existência e do bem-estar humanos, incluindo máquinas, automóveis e outros veículos, aeronaves, centrais eléctricas, peças para automóveis, fábricas, etc. Um engenheiro mecânico desempenha um papel importante na conceção, desenvolvimento e ensaio de máquinas, bem como de dispositivos térmicos. Inclui também sistemas que são essenciais para muitos aspectos da sociedade moderna e das indústrias. Utilizam os seus conhecimentos de mecânica, termodinâmica, ciência dos materiais e energia para criar soluções que melhoram a qualidade de vida das pessoas. Além disso, o papel de um engenheiro mecânico na nossa sociedade é contribuído como:

4- Produção de energia: Os engenheiros mecânicos concebem e desenvolvem máquinas de produção de energia, tais como motores de combustão interna, turbinas a gás, turbinas a vapor e eólicas, etc.

5- Sistemas de aquecimento e de refrigeração: Concebem e desenvolvem sistemas de aquecimento, ventilação, refrigeração e ar condicionado para edifícios e outras estruturas.

6- Transportes: Os engenheiros mecânicos estão envolvidos na conceção e desenvolvimento de sistemas de transporte, incluindo automóveis, comboios, aviões, vapores e barcos.

7- Equipamento industrial: Concebem, desenvolvem e fazem a manutenção de equipamento industrial, como máquinas-ferramentas, robots e sistemas de transporte e correias.

8- Infra-estruturas: Os engenheiros mecânicos desempenham um papel fundamental na conceção e manutenção de infra-estruturas, incluindo edifícios, pontes, estradas e sistemas de transporte.

De um modo geral, os engenheiros mecânicos estão envolvidos na conceção, construção e manutenção de motores, máquinas e estruturas que tornam a vida moderna possível e confortável. Contribuem para a sociedade utilizando as suas competências para melhorar a segurança, a eficiência e o conforto dos sistemas e dispositivos de que dependemos todos os dias.

**O papel da engenharia mecânica na sociedade**

> A mecanização sempre foi uma caraterística intrínseca da raça humana. Sempre que nos deparámos com algum obstáculo na realização de uma determinada tarefa, recorremos à criação de máquinas que fazem o trabalho por nós. A mesma tendência continua ainda hoje com as imensas competências dos profissionais que conhecemos como Engenheiros Mecânicos.

> A Engenharia Mecânica cria e desenvolve sistemas mecânicos para toda a humanidade. Preocupação com os princípios de força, energia e movimento.

> Elimina a utilização excessiva de recursos, optimizando e melhorando a eficiência.

> Construir coisas que tornem o mundo num lugar melhor para viver.

> Reduz o esforço humano e facilita o trabalho.

> Sem a engenharia mecânica, não teríamos coisas como motores, geradores, elevadores ou mesmo ar condicionado. Embora nem nos apercebamos disso, é muito provável que utilizemos todos os dias algo que foi objeto de engenharia mecânica.

> A engenharia mecânica desempenha um papel fundamental nas tecnologias fabricadas, desde os automóveis aos aviões e aos frigoríficos. Permite-lhe realizar muitas actividades diárias com facilidade, uma vez que traz tecnologias úteis para a nossa sociedade moderna. É uma das subdivisões mais importantes da engenharia, porque sem ela, muitas das tecnologias que usamos todos os dias não estariam disponíveis.

> Desempenha um papel crucial em todas as formas de vida: Transportes, medicina, agricultura, defesa, produção de energia, electrodomésticos.

**Papel do engenheiro mecânico no sector da energia**

> Os engenheiros mecânicos trabalham na conceção de sistemas de energia alternativa, como turbinas eólicas e painéis solares.

> Conceção e otimização de sistemas de extração e tratamento de produtos petrolíferos,

> Conceção, operação e otimização de sistemas de produção e transmissão de energia eléctrica.

> Otimizar a tecnologia existente em matéria de energias renováveis, de modo a tornar mais eficiente em termos de custos o desenvolvimento das infra-estruturas conexas.

> Integração de sistemas de diferentes tecnologias de energias renováveis

> Investigar diferentes materiais e estudar as interacções entre materiais para utilização em energias renováveis, potencialmente conducentes ao desenvolvimento de novos sistemas, tecnologias e infra-estruturas para a produção e distribuição de energia.

> Consultar projectos de desenvolvimento de energias renováveis para orientar as organizações relativamente à melhor abordagem para atingir os seus objectivos de sustentabilidade, por exemplo, identificando as necessidades tecnológicas, os custos e outros aspectos relacionados com o investimento e a construção de infra-estruturas de energias renováveis.

> Liderar equipas de engenheiros e investigadores para conceber e otimizar infra-estruturas e sistemas de energias renováveis.

> Educar os decisores empresariais, os decisores políticos e outras partes interessadas não técnicas sobre a viabilidade de diferentes abordagens para a obtenção e distribuição de energia renovável.

**Papel do engenheiro mecânico na indústria transformadora**

As várias responsabilidades podem ser divididas nas seguintes funções:

> Fazer um balanço dos requisitos do projeto

> Medição do desempenho de componentes mecânicos

> Aprovar orçamentos, calendários e especificações

> Manutenção, modificação de equipamentos

> Contacto com os fornecedores

> Realização da investigação necessária
> Avaliação e modificação de produtos
> Redigir relatórios e documentos
> Prestação de aconselhamento técnico.

**Papel do engenheiro mecânico no sector automóvel**

A engenharia mecânica na indústria automóvel é fundamental para
> Desenvolvimento de novos tipos de veículos
> Atualização de modelos
> Reparação de veículos existentes
> Implementação de novas funcionalidades e características de segurança.
> Há muitos engenheiros mecânicos que trabalham nas equipas de conceção, fabrico e manutenção de todos os principais fabricantes de automóveis.

**Papel do engenheiro mecânico no sector aeroespacial**

> Conceção de produtos aeroespaciais e de aviação
> Analisar os planos de conceção para detetar eventuais problemas ou erros
> Avaliar a viabilidade financeira das propostas de projectos
> Realização de simulações para determinar o desempenho e a segurança do produto
> Estabelecimento de normas de funcionamento para os seus produtos
> Desenvolvimento de protótipos para criações
> Criar critérios de aceitação para métodos de conceção e normas de qualidade.

**Papel do engenheiro mecânico no sector marítimo**

> Efetuar trabalhos de engenharia a bordo dos navios ou noutros locais, tais como desmontagem, manutenção, reparação, revisão e instalação, etc., atempadamente e de acordo com os procedimentos/normas de qualidade do fabricante
> Realizar trabalhos de engenharia na oficina, tais como desmontagem, limpeza, inspeção, medição, reparação, manutenção e remontagem
> Testes e/ou Realizar trabalhos simples de resolução de problemas, modificação e manutenção
> Ler as ordens de reparação e de instalação para determinar o material, o tempo e o equipamento necessários.
> Elaborar relatórios de serviço após a conclusão dos trabalhos
> Deslocações ao largo da costa e aos estaleiros navais para efetuar trabalhos de manutenção
> Dirigir a mão de obra afetada (interna ou externa), velar pela sua disciplina e segurança durante o período de trabalho
> Coordenar as actividades de trabalho para cumprir de forma consistente o calendário, os requisitos de trabalho do cliente, os SOP e os regulamentos estatutários.
> Outras tarefas ad-hoc que lhe sejam atribuídas

**Propriedades do vapor**

Coloque um kg de água a $0^{o}$ C num cilindro equipado com um pistão. Colocar um peso conhecido no pistão para obter uma pressão constante a atuar sobre o pistão. Introduzir um termómetro para controlar a temperatura. Comece a aquecer o cilindro a um ritmo constante e anote a temperatura juntamente com a quantidade de calor adicionada. Traçar os valores num gráfico, com a quantidade de calor fornecida no eixo dos x e a temperatura no eixo dos y. A natureza do gráfico é mostrada na figura 1.1.

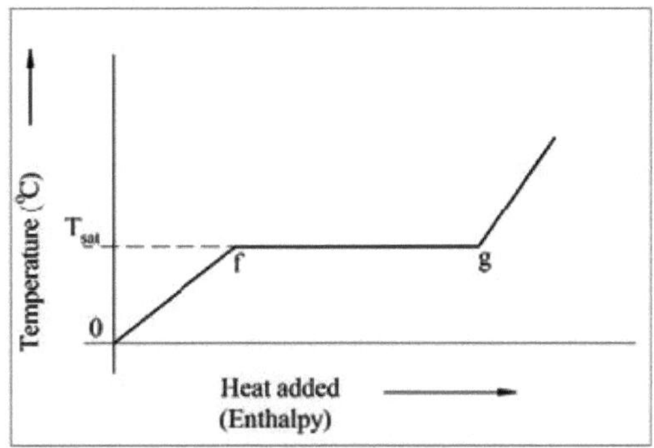


**Fig 1.1 Diagrama TS**

Inicialmente, a temperatura começa a aumentar de forma constante com a adição de calor. Isto continua até ao ponto 'f' no gráfico. Neste ponto, a água deixa de ser capaz de absorver o calor na fase líquida. A água começa a mudar a sua fase para vapor (vapor). Esta mudança de fase de líquido para vapor é designada por ebulição. A mudança de fase ocorre a uma temperatura constante e no ponto 'g' a água é completamente vaporizada. A continuação do aquecimento resulta num aumento constante da temperatura do vapor.

Diz-se que a água está saturada no ponto 'f'. Chamamos ao ponto "f" o ponto de líquido saturado. Do mesmo modo, diz-se que o vapor está saturado no ponto 'g', e chamamos ao ponto 'g' o ponto de vapor saturado. A temperatura constante a que ocorre a ebulição é designada por temperatura saturada ($T_{sat}$)

Por definição, o calor adicionado a pressão constante recebe o nome de entalpia, denotado por "h". A variável ao longo do eixo x torna-se agora a entalpia. Podemos definir a entalpia em pontos salientes do gráfico da seguinte forma

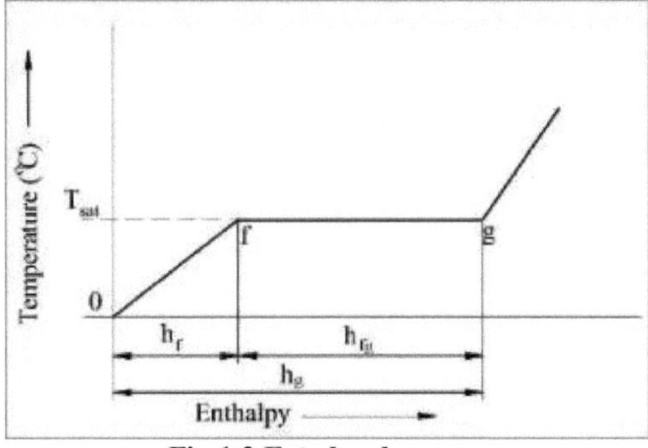


**Fig.1.2 Estados do vapor**

hf = Entalpia do líquido saturado (calor adicionado a partir de $0^0$ C até ao ponto

"f")
$h_{fg}$ = Entalpia de evaporação (quantidade de calor adicionada para converter líquido saturado em vapor saturado)
hg = Entalpia do vapor saturado (quantidade de calor adicionada desde $0^0$ C até ao ponto "g")
A quantidade hf também é chamada de calor sensível porque podemos sentir a mudança de temperatura de 0 para f. A quantidade $h_{fg}$ também é chamada de calor latente (latente = oculto) porque não podemos sentir a mudança durante esse período.

**Condição do fluido em diferentes estados**

O fluido que tem o seu estado entre "0" e "f" é designado por líquido sub-arrefecido, o fluido que tem o seu estado entre "f" e "g" é designado por vapor húmido e o fluido que tem o seu estado para além de "g" é designado por vapor superaquecido.

O processo de ebulição começa em 'f' e termina em 'g'. Em 'f' temos 1 kg de água e nenhum vapor; da mesma forma, em 'g' temos 1 kg de vapor e nenhuma água. Entre "f" e "g" temos uma mistura de água e vapor e esta mistura é designada por vapor húmido. A relação entre a massa de vapor presente na mistura e a massa total da mistura é designada por fração de secura, denotada por "x".

Fração de secura, x = $m_g$ / (mf + $m_g$)
Onde, mf = massa de água na mistura.
$m_g$ = massa de vapor na mistura.
(mf + $m_g$) = massa total da mistura.

O vapor, que está sobreaquecido, tem a sua temperatura acima da temperatura de saturação. A quantidade pela qual a temperatura é elevada acima da temperatura de saturação é chamada de grau de superaquecimento.

Grau de sobreaquecimento, $\Delta T = T_{sup} - T_{sat}$
Onde, $T_{sat}$ = temperatura de saturação
$T_{sup}$ = temperatura sobreaquecida.

**Propriedades do vapor em diferentes estados**

Podemos calcular algumas das propriedades importantes do vapor, como a entalpia, o volume específico e a energia interna, quando o vapor existe no estado húmido e no estado sobreaquecido. Para o fazer, precisamos de conhecer os valores das propriedades em 'f' e 'g'.

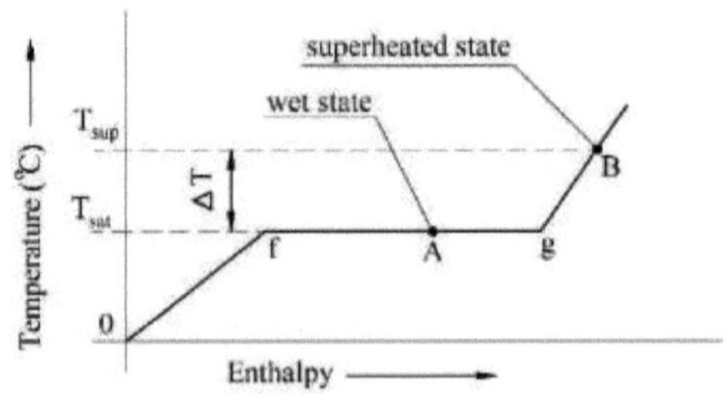

**Fig. 1.3 Propriedades do vapor**

**Entalpia:** Entalpia do vapor húmido com a fração de secura 'x': Sabemos que a entalpia é a quantidade de calor adicionada a uma pressão constante. Portanto, $h_A$ = quantidade de calor adicionada de '0' a 'A'.
= quantidade de calor adicionada de "0" a "f" + quantidade de calor adicionada de "f" a
'A'.
= hf + quantidade de calor adicionada de "f" a "A".
Uma fração de secura de "x" significa que, de 1 kg de água inicialmente tomada, x kg são convertidos em vapor e (1-x) kg permanecem como água.
Quantidade de calor adicionada para converter
1 kg de água saturada em vapor = $h_{fg}$
Por conseguinte,
Quantidade de calor adicionada para converter
x kg de água saturada em vapor = $x.h_{fg}$
e,
$\mathbf{h_A = hf + x.h_{fg}}$.
Entalpia do vapor sobreaquecido: Na região sobreaquecida, o vapor obedece muito de perto à equação do gás ideal. Podemos calcular as propriedades do vapor nesta região utilizando a equação do gás ideal.
$h_B$ = quantidade de calor adicionada de "0" a "B".
= quantidade de calor adicionada de "0" a "g" + quantidade de calor adicionada de "g" a "B".
$\mathbf{h_B = hg + Cps\ (AT)}$
Em que Cps = Calor específico do vapor
$\Delta T$ = Grau de sobreaquecimento = $(T_{sup} - T)_{sat}$

**Volume específico:**
Volume específico é o volume ocupado por unidade de massa de uma substância
Seja $v_f$= volume ocupado por 1 kg de líquido saturado
vg = volume ocupado por 1 kg de vapor saturado
Volume específico do vapor húmido $v_A$ com fração de secura (x)
Tomámos 1 kg de água a $0^o$ C inicialmente. A massa total da mistura em qualquer estado é de 1 kg. Quando a fração de secura do vapor é x, temos x kg de vapor e (1 - x) kg de água.
Volume ocupado por (1 - x) kg de água = (1 - x) $v_f$
Volume ocupado por x kg de vapor = x $v_g$
Por conseguinte, o volume total ocupado pela mistura é
$\mathbf{v_A = (1 - X)\ v_f + X\ v_g}$
Mas o volume específico da água saturada ($v_f$) é insignificante em comparação com o volume específico do vapor saturado ($v_g$). Desprezando o primeiro termo, o volume específico da mistura é aproximadamente e muito próximo dado por
$\mathbf{v_A = X\ v_g}$
Volume específico do vapor sobreaquecido ($v_B$)
Na região superaquecida a baixas pressões, o vapor obedece muito de perto à

equação do gás ideal. Podemos aproximar as propriedades nesta região utilizando a equação do gás ideal.
Sabemos que o vapor se comporta como um gás ideal na região superaquecida. Aplicando a equação do gás ideal nos estados "g" e "B", temos

$pv_g = RT_{sat}$

$pv_B = RT_{sup}$

divisão, $\frac{v_B}{v_g} = \frac{T_{sup}}{T_{sat}}$

$v_B = \frac{T_{sup} \cdot v_g}{T_{sat}}$

**Energia interna (u)**

Todas as formas de energia possuídas pelo sistema, exceto as energias cinética e potencial, são coletivamente designadas por *energia interna.*
Conteúdo energético total do sistema,
Energia = Energia interna (u) + Energia cinética + Energia potencial.
Por definição, entalpia,
h = u + pv
portanto, energia interna,
u = h - pv
Podemos calcular a energia interna do sistema num determinado estado substituindo os valores de h, p e v correspondentes a esse estado.
Energia interna de um líquido saturado,
$u_f = h_f - pv_f$
Energia interna do vapor saturado,
$u_g = h_g - pv_g$
Energia interna do vapor húmido,
$u_A = h_A - pv_A$
Energia interna do vapor sobreaquecido,
$u_B = h_B - pv_B$

**Introdução aos princípios básicos das turbinas e bombas hidráulicas**

**Turbinas hidráulicas:**

As turbinas hidráulicas ou de água são máquinas que convertem as energias cinética e potencial da água em movimento rotativo mecânico ou potência. Estas são posteriormente acopladas a geradores eléctricos para produzir energia eléctrica. A água é armazenada em reservatórios criados artificialmente através da construção de barragens em rios caudalosos. A água destes reservatórios é transportada através de condutas forçadas para as turbinas, onde a energia hidráulica da água é convertida em energia mecânica.

**Classificação baseada na ação da água sobre as lâminas móveis:**

1. Turbinas de impulso
2. Turbinas de reação

**Turbina de impulso ou roda Pelton:**

Roda Pelton, um tipo de turbina de impulso, cujo nome vem de L. A. Pelton, que a inventou em 1880. A água passa através de bocais e atinge os copos dispostos na periferia de um rotor, ou roda, o que faz com que o rotor rode, produzindo energia mecânica. O rotor é fixado num eixo e o movimento de rotação da turbina é transmitido pelo eixo a um gerador. As turbinas Pelton são adequadas para aplicações de alta queda e baixo caudal; são utilizadas em centrais eléctricas de armazenamento (barragens) com gradientes descendentes superiores a 300 metros. A roda Pelton é o tipo de turbina de impulso mais comummente utilizado. Funciona com uma queda elevada e requer uma pequena quantidade de água. A Fig. mostra um esboço esquemático de uma roda Pelton. A água proveniente de uma fonte de alta pressão é fornecida ao bocal equipado com uma agulha, que controla a quantidade de água que sai do bocal. A energia de pressão da água é convertida em energia de velocidade à medida que flui através do bocal. O jato de água que sai do bocal a alta velocidade colide com as lâminas curvas, conhecidas como taças Pelton, no centro, como mostra a figura ao lado. A força impulsiva do jato que embate nas taças Pelton faz com que a roda Pelton rode na direção do jato que embate. Assim, a energia de pressão da água é convertida em energia mecânica. A pressão no interior do invólucro da turbina estará à pressão atmosférica.

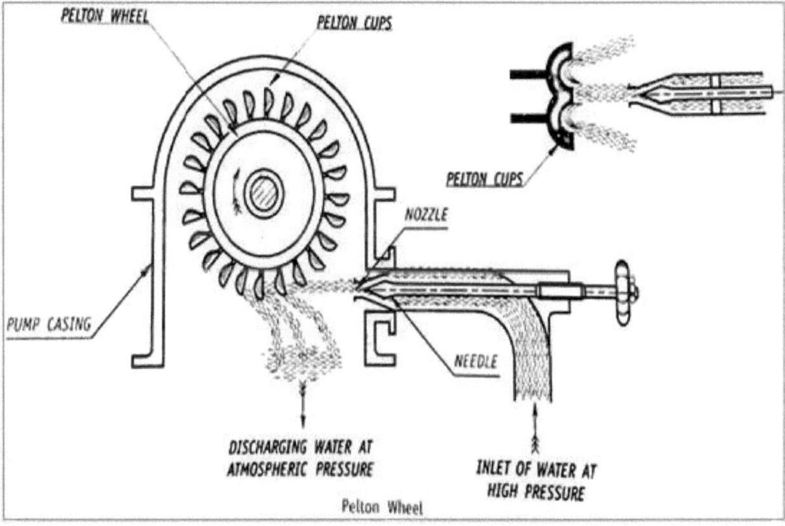


Fig 1.4 Turbina Pelton

**Turbinas de reação:**

**Turbina Francis:**

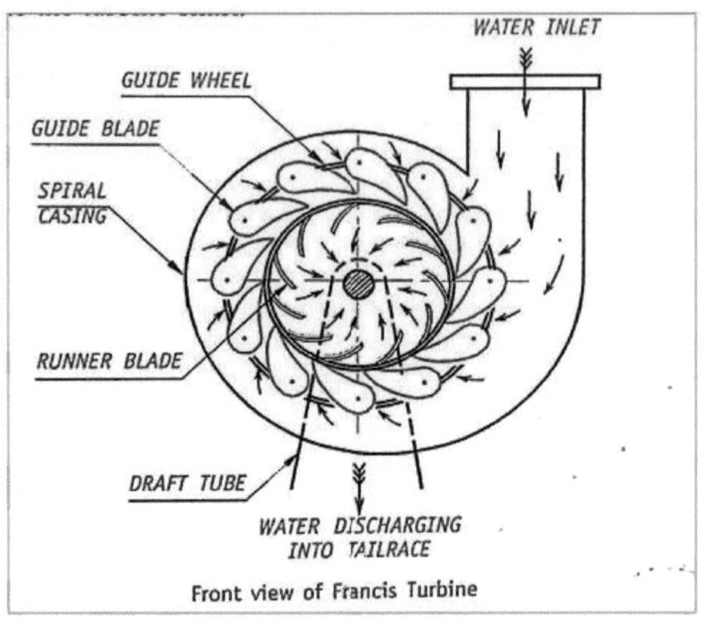

Front view of Francis Turbine

**Fig. 1.5 Turbina Francis**

A turbina Francis é uma turbina de reação de altura média em que a água flui radialmente para o interior. A figura mostra uma representação esquemática simples da turbina Francis. A turbina Francis é constituída por um invólucro em espiral que envolve um conjunto de pás-guia estacionárias fixadas em toda a circunferência de um anel interior de palhetas móveis que formam o rotor, o qual está ligado ao veio da turbina. A água a alta pressão entra pela entrada da caixa e flui radialmente para dentro até à periferia exterior do rotor através das pás-guia. A partir da periferia exterior do rotor, a água flui para o interior através das palhetas móveis e é descarregada no centro do rotor a baixa pressão. Durante o seu fluxo sobre as pás móveis, a água transmite energia cinética ao rotor para o pôr em movimento rotativo. Para permitir a descarga de água a baixa pressão, é instalado no centro do rotor um tubo cónico divergente denominado tubo de sucção. A outra extremidade do tubo de sucção está imersa no lado de descarga da água, conhecido como cauda.

**Turbinas Kaplan:**

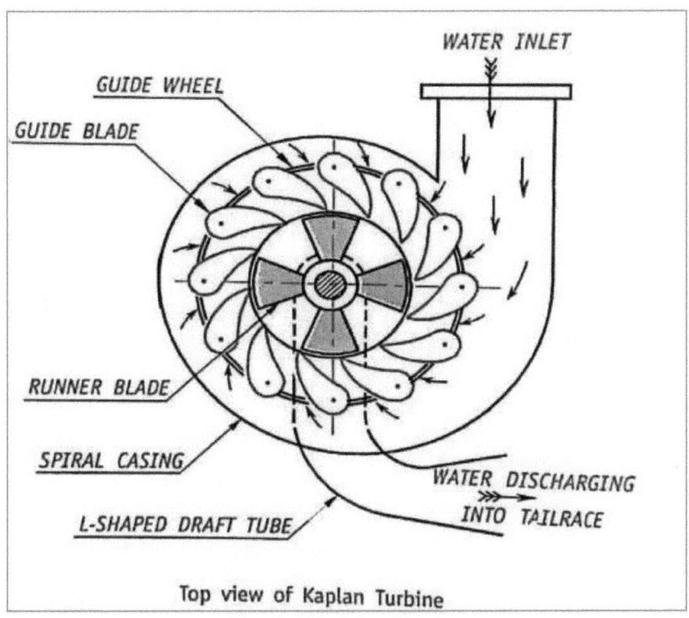


**Fig. 1.6 Turbina Kaplan**

A turbina Kaplan é uma turbina de reação de baixa altura manométrica em que a água flui axialmente.

A figura mostra uma representação esquemática simples de uma turbina Kaplan. Todas as partes da turbina são semelhantes às da turbina Francis, exceto o rotor e o tubo de sucção. O rotor da turbina Kaplan assemelha-se à hélice de um navio, pelo que, por vezes, a turbina Kaplan é também designada por turbina de hélice. A água a alta pressão entra na caixa da turbina através da entrada e flui sobre as pás-guia. A água das lâminas-guia atinge axialmente as lâminas do rotor, conferindo-lhes energia cinética para as pôr em movimento rotativo. A água é descarregada no centro do rotor na direção axial para o tubo de sucção que tem a forma de um L e a sua extremidade de descarga está imersa na cauda da turbina.

**Introdução ao funcionamento da bomba centrífuga**

A bomba centrífuga é uma máquina hidráulica que converte energia mecânica em energia hidráulica através da utilização da força centrífuga que actua sobre o fluido. Este é o tipo de bomba mais popular e mais utilizado para a transferência de fluidos de um nível baixo para um nível alto. É utilizada em locais como a agricultura, municípios (estações de tratamento de água e de águas residuais), indústria, centrais de produção de energia, petróleo, minas, química, farmacêutica e muitos outros. Quando uma determinada massa de líquido é posta a rodar por uma fonte externa, é projectada para longe do eixo de rotação centrífugo e é formada uma cabeça que lhe permite subir para um nível superior. As bombas centrífugas podem ser usadas para líquidos viscosos e não viscosos e têm maior eficiência. Este artigo enfatiza a parte principal da bomba centrífuga.

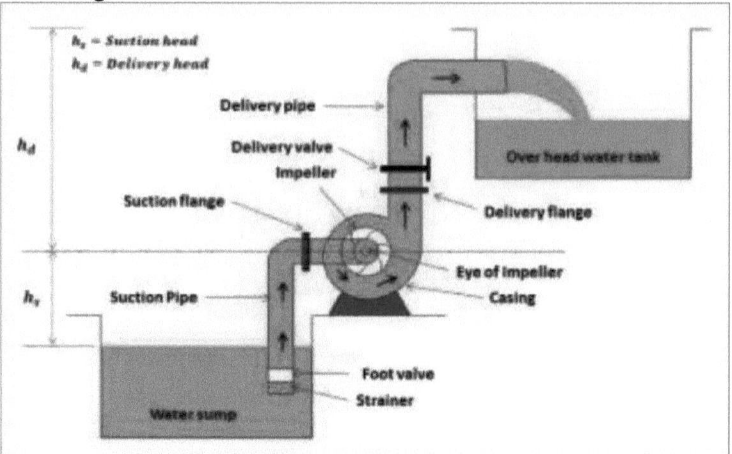


**Fig. 1.7 Bomba centrífuga**

O primeiro passo no funcionamento de uma bomba centrífuga é a escorva. A escorva é a operação em que o corpo do tubo de sucção da bomba e a posição do fluido com o líquido a ser bombeado, de modo a que todo o ar da posição da bomba seja expulso e não reste ar. A necessidade de escorvamento de uma bomba centrífuga deve-se ao facto de a pressão gerada no impulsor da bomba centrífuga ser diretamente proporcional a densidade do fluido que está em contacto com ela. Depois de a bomba ser escorvada, a válvula de distribuição é mantida fechada e o motor elétrico começa a rodar o impulsor. A válvula de distribuição é mantida fechada para reduzir a abertura da válvula e o líquido passa a fluir na direção radial para o exterior através das palhetas do impulsor na circunferência exterior, com uma velocidade elevada na circunferência exterior devido à ação centrífuga, criando-se vácuo. Isto faz com que o líquido do reservatório passe através do tubo de sucção para o olho do impulsor, substituindo assim a descarga longa da circunferência central do impulsor, que é utilizada para elevar o líquido até à altura necessária através do tubo de distribuição.

CAPÍTULO 2

# OPERAÇÕES DE MÁQUINAS-FERRAMENTAS

**Torno:** O torno é uma das máquinas-ferramentas mais antigas e também é conhecido como o pai da máquina-ferramenta. O primeiro torno básico foi projetado por Henry Maudslay, no ano de 1797. **Definição:** O torno é uma máquina-ferramenta utilizada para remover metal da peça de trabalho, com a forma e o tamanho pretendidos.

O trabalho é mantido num dispositivo de fixação de trabalho conhecido como mandril. A peça é rodada em torno do seu eixo, contra uma ferramenta de corte de ponta única. A ferramenta desloca-se paralelamente ao eixo de rotação da peça de trabalho para produzir uma superfície cilíndrica. A ferramenta deve ser mais dura do que o material da peça de trabalho, deve ser mantida rigidamente na coluna de ferramentas da máquina e deve ser alimentada de forma definida em relação ao trabalho.

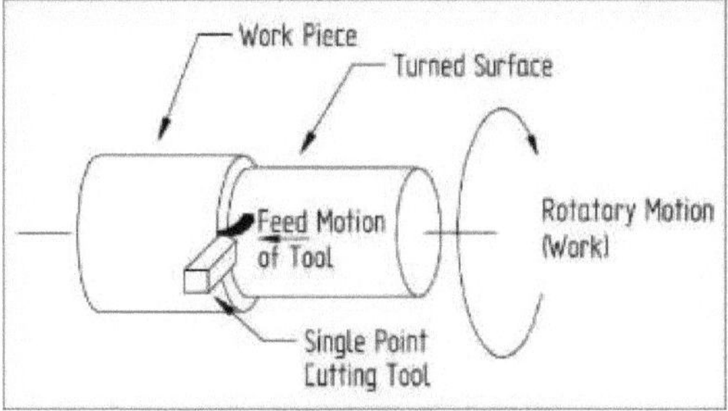


**Fig 2.1 Princípio de viragem**

## Partes de um torno central

❖ **Cama:** A cama é o componente principal de um torno. Todos os componentes principais são montados na base do torno, como o contra-ponto, o cabeçote, o carro, etc. O cabeçote móvel e o carro movem-se sobre as guias existentes na face superior da base. O material da base deve ter uma elevada resistência à compressão e ao desgaste. O ferro fundido com liga de níquel e crómio é um bom material para a base.

❖ **Cabeçote: O cabeçote** é montado no lado esquerdo da base do torno. O cabeçote é oco e acomoda a caixa de engrenagens, que ajuda a variar a velocidade do fuso. A caixa de velocidades também transmite a potência a outras peças, como a haste de alimentação e o parafuso de avanço. O mandril ou placa frontal está ligado ao fuso, o que proporciona meios mecânicos para prender e rodar a peça de trabalho. O cabeçote contém alavancas de mudança de velocidade e de alimentação. O cabeçote também é conhecido como centro ativo

❖ **Cabeçote móvel:** O contra-ponto é montado no lado direito da base do torno. A função do contra-ponto é suportar a peça de trabalho e acomodar diferentes ferramentas como broca, alargamento, perfuração e rosqueamento, etc. O contra-ponto move-se nas guias sobre a base, para se adaptar a diferentes comprimentos de peça de trabalho. O contra-ponto é conhecido como centro morto.

❖ **Carro:** O carro é montado na base do torno, que desliza sobre as guias da base. O carro tem várias outras partes como, sela, corrediça cruzada, descanso composto, coluna de ferramentas e avental.

**i) Sela**

O selim é montado na mesa e desliza ao longo das vias. O carro transversal e a coluna de ferramentas estão montados no selim. O movimento do selim é paralelo ao longo do eixo do torno, também conhecido como avanço.

**ii) Corrediça cruzada**

O carro transversal é montado na parte superior do selim. Esta desloca a ferramenta perpendicularmente à peça a trabalhar ou ao eixo da máquina. O carro transversal pode ser movido rodando o volante do carro transversal ou engatado no mecanismo do avental (movimento automático). A distância perpendicular movida pelo carro transversal é proporcional à quantidade de metal removido e é conhecida como profundidade de corte.

**iii) Lâmina composta**

O carro composto (apoio composto) é montado na parte superior do carro cruzado. A parte restante do carro composto tem graduações em graus. O carro composto é utilizado para obter a conicidade da peça de trabalho, o que também ajuda a fixar o ângulo reto da ferramenta no eixo da máquina.

**iv) Posto de ferramentas**

A coluna da ferramenta é montada no topo do carro composto. A coluna de ferramentas segura a ferramenta de forma rígida.

**v) Avental**

O avental é fixado ao selim e fica suspenso na parte da frente da cama. O avental está equipado com um mecanismo para o movimento manual e motorizado do selim e do carro. A porca de fenda engata o avental no parafuso de avanço, que é utilizado para cortar roscas internas ou externas.

**vi) Haste de alimentação**

A haste de alimentação é um eixo longo que se estende a partir da caixa de alimentação. A potência é transmitida por um conjunto de engrenagens a partir do cabeçote. A haste de alimentação é utilizada para mover o carro ou o carro transversal para operações de torneamento, perfuração e faceamento. **vii) Parafuso de avanço**

O parafuso de avanço é um longo eixo roscado ligado ao cabeçote. O parafuso de avanço é utilizado apenas quando se pretende efetuar uma operação de corte de rosca na peça de trabalho. Para operações normais de torneamento, o parafuso de avanço está desengatado.

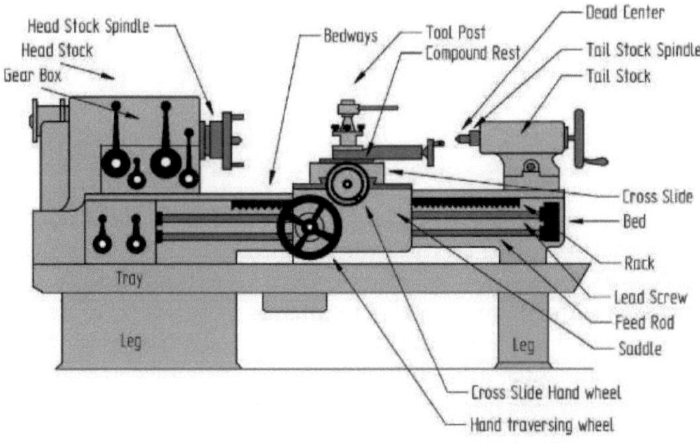


**Fig 2.2 Torno de centro**

**Operações do torno:** Diferentes tipos de operações que podem ser efectuadas

1. Virar
2. De frente para
3. Serrilha
4. Corte de fio
5. Torneamento cónico rodando o descanso composto,

**1. Virar**

O torneamento retilíneo consiste na remoção de metal do diâmetro exterior de uma peça de trabalho cilíndrica em rotação. O torneamento é utilizado para reduzir o diâmetro da peça de trabalho, normalmente para uma dimensão especificada, e para produzir um acabamento liso no metal. Muitas vezes, a peça de trabalho é torneada de modo a que as secções adjacentes tenham diâmetros diferentes.

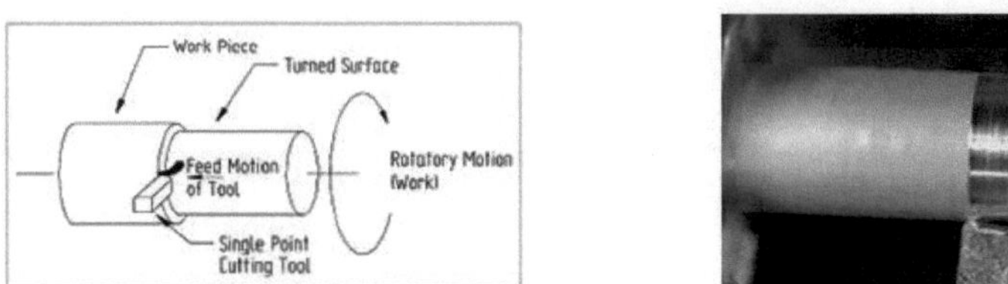


**Fig 2.3 Operação de viragem**

**2. De frente para**

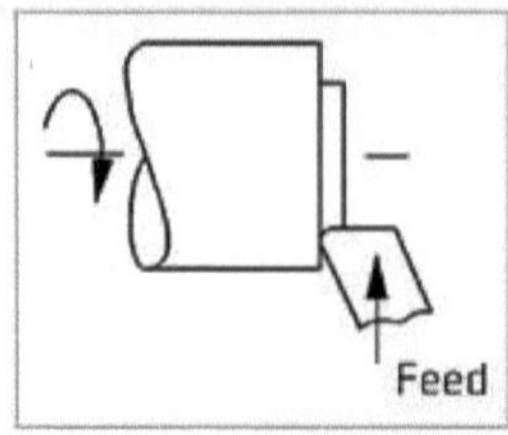

Fig 2.4 Operação de faceamento

O faceamento é o processo de remoção de metal da extremidade de uma peça de trabalho para produzir uma superfície plana. Por vezes é designado por esquadrejamento. A ferramenta de faceamento utilizada é de aresta redonda; se a ferramenta for pontiaguda, a peça de trabalho não terá um bom acabamento. A peça de trabalho gira em torno do seu eixo e a ferramenta de faceamento é introduzida perpendicularmente ao eixo do torno. Na maior parte das vezes, a peça de trabalho é cilíndrica, mas utilizando um mandril de 4 maxilas é possível facear peças rectangulares ou de formas estranhas para formar cubos e outras formas não cilíndricas.

### 3. Serrilha

O recartilhamento é o processo de gravar um padrão com a forma pretendida na superfície da peça de trabalho. Este diagrama mostra a ferramenta de recartilhamento pressionada contra uma peça de trabalho circular. O torno está regulado de modo a que a bucha gire a uma velocidade baixa. A ferramenta de serrilha é então pressionada contra a peça de trabalho em rotação e a pressão é aumentada lentamente até que a ferramenta produza um padrão na peça de trabalho.

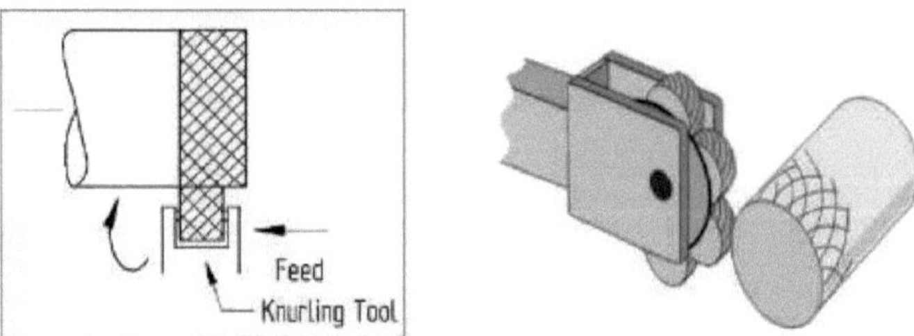


Fig 2.5 Operação de retificação

### 4. Corte de rosca

O corte de roscas é a operação que consiste em produzir uma ranhura helicoidal numa superfície cilíndrica. As roscas podem ser quadradas ou em V numa peça de trabalho cilíndrica. As roscas de qualquer passo, forma e tamanho podem ser cortadas num torno. Uma ferramenta de corte de ponta única (ferramenta em V ou ferramenta quadrada) é utilizada para cortar roscas na peça de trabalho.

Para a operação de corte de roscas, a ferramenta é movida automaticamente na direção longitudinal. O avanço longitudinal deve ser igual ao passo da rosca a ser cortada por rotação do trabalho. O parafuso de avanço tem um passo fixo. Assim, a relação entre a rotação da peça de trabalho e o avanço longitudinal é determinada. A peça de trabalho e o parafuso de avanço estão ligados por um conjunto de engrenagens. O parafuso de avanço é engatado no carro através do fecho da alavanca de meia porca.

**Fig 2.6 Operação de corte de rosca**

Durante o corte de rosca, tanto a peça de trabalho como o parafuso de avanço rodam à mesma velocidade.

O passo do parafuso de avanço é igual ao passo da peça de trabalho. Para cortar as roscas, a ferramenta é colocada em contacto com a peça de trabalho. O carro é colocado em contacto com o parafuso de avanço, accionando a alavanca de meia porca. A ferramenta desloca-se ao longo do eixo, gera o



roscas na peça de trabalho. Este processo é repetido várias vezes até se obter a profundidade, o passo e o acabamento pretendidos.

**5. Torneamento cónico**

Um cone pode ser definido como um aumento ou diminuição uniforme do diâmetro da peça de trabalho medido ao longo do seu comprimento. A superfície cónica é gerada numa peça de trabalho cilíndrica. A quantidade de conicidade numa peça de trabalho é normalmente especificada pela diferença de diâmetros da conicidade em relação ao seu comprimento.

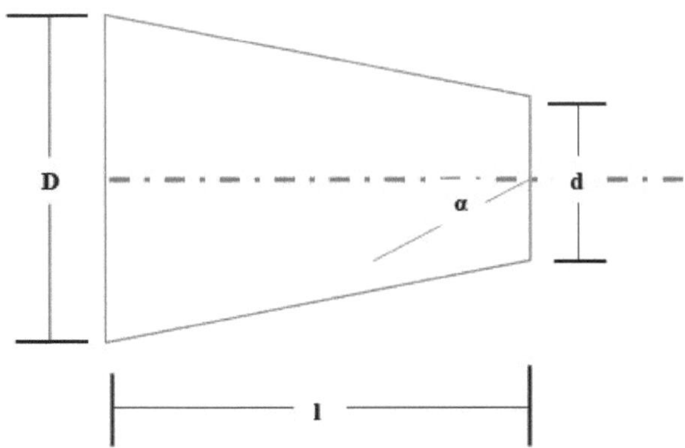


**Fig 2.7 Operação de torneamento cónico**

D-Diâmetro **maior** do cone em mm.

**d-** Pequeno diâmetro do cone em mm.

**1-** Comprimento da parte cónica em mm.

**a-** Ângulo de conicidade ou meio ângulo de conicidade.

**Giro cônico por descanso giratório para composto**

Neste método de afilamento, calcula-se o ângulo de meio afilamento. O apoio composto tem uma base rotativa graduada em graus, que pode ser rodada para qualquer ângulo (de acordo com o ângulo de conicidade). Neste método, a ferramenta avança rodando o descanso composto e o volante de modo a que a ferramenta se mova de acordo com o ângulo de conicidade definido. Este método produz um comprimento de cone maior do que o método da ferramenta de forma.

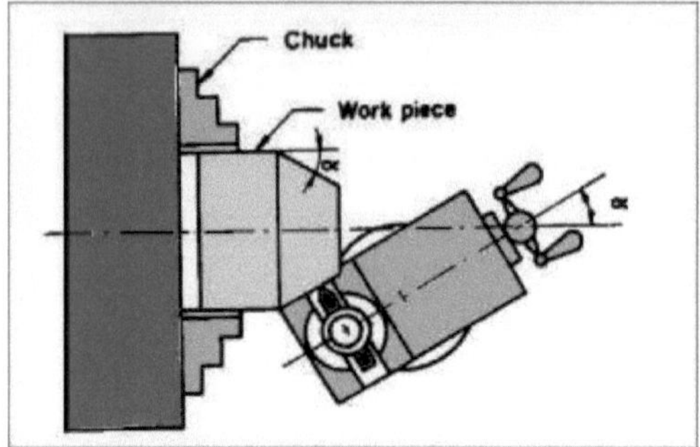


**Fig 2.8 Operação de torneamento cónico**

A fórmula utilizada para calcular o ângulo de conicidade é $\tan \alpha = \frac{D-d}{2L}$, em que

a = Meio ângulo de conicidade

D= Grande diâmetro

d= Diâmetro pequeno

L= Comprimento do cone

**Perfuração:** A perfuração é a operação de fazer furos numa peça de trabalho utilizando uma broca. O furo é gerado pela broca rotativa, que exerce uma grande força sobre a peça de trabalho fixada rigidamente na mesa da máquina. A figura ilustra uma secção transversal de um furo a ser cortado por uma broca helicoidal comum.

A primeira máquina de furar foi concebida para criar furos cilíndricos (cavidades) na peça de trabalho. Posteriormente, a máquina foi redesenhada para efetuar várias operações, como furar, alargar, escarear, contrafurar, furar em profundidade, roscar, rebaixar, etc. Os furos até 80 mm de diâmetro podem ser maquinados a partir do sólido na máquina de perfuração, e os furos acima de 80 mm são cortados utilizando uma cabeça de perfuração especial ou são efectuados em máquinas de perfuração.

**Máquina de perfuração de bancada (Máquina de perfuração sensível)**

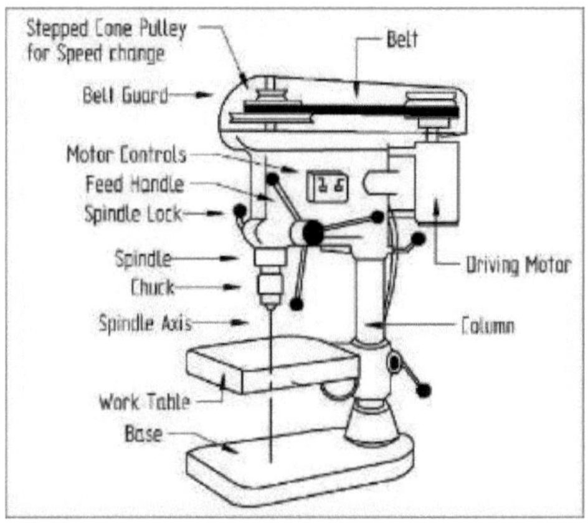


**Fig 2.9 Máquina de perfuração de bancada**

Trata-se de uma máquina de perfuração ligeira montada numa bancada, utilizada para efetuar operações de perfuração ligeiras. Estas máquinas são também conhecidas como máquinas de furar sensíveis. As máquinas de perfuração de bancada podem efetuar furos de 0,35 mm a 15 mm de diâmetro. A broca é introduzida na peça de trabalho manualmente, utilizando a pega de alimentação. O operador fica a saber ou pode sentir o percurso da broca na peça de trabalho. Por isso, as máquinas são conhecidas como máquinas de furar sensíveis. As partes principais da máquina são a base, a coluna, a mesa, o fuso, a cabeça e o mecanismo de acionamento.

**Coluna:** É um poste cilíndrico que se encontra na vertical sobre a base. A coluna suporta a mesa, a cabeça do fuso, o motor e o mecanismo de acionamento.



**Mesa:** A mesa é fixada à coluna, suporta a peça de trabalho e o dispositivo de suporte do trabalho. A mesa é regulável verticalmente e radialmente ao longo da coluna. T - A mesa possui ranhuras para fixar os dispositivos de fixação da peça de trabalho ou a peça de trabalho. A mesa pode ser retangular ou circular, consoante a forma e o tamanho da peça a trabalhar.

**Cabeça do fuso e mecanismo de acionamento**

A cabeça do fuso e o mecanismo de acionamento estão montados na coluna. Um motor elétrico é fornecido de um lado e o conjunto do fuso do outro lado. A potência é transmitida do motor para o conjunto do fuso por uma correia em V. Para variar a velocidade do fuso, estão previstas disposições de polias cónicas escalonadas. Normalmente, existem 6 velocidades disponíveis na gama de 50 rpm a 2000 rpm. A cabeça do fuso segura a bucha de perfuração. A bucha de perfuração é o dispositivo de fixação da broca.

**Operações de perfuração**

As diferentes operações que podem ser efectuadas numa máquina de perfuração são: perfuração, mandrilagem, alargamento, roscagem, contra-broca, contra-fundação: A perfuração é um dos métodos mais simples de efetuar um furo.

Antes de efetuar um furo, o ponto central do furo tem de ser marcado na peça de trabalho. O ponto central do furo é marcado desenhando apenas duas linhas cruzadas ou utilizando instrumentos. A marca é recuada com um punção de centro. O furo a ser efectuado pode ser um furo passante ou um furo cego. O furo passante pode ser efectuado em qualquer máquina, mas para efetuar um furo cego é necessária uma máquina sofisticada.

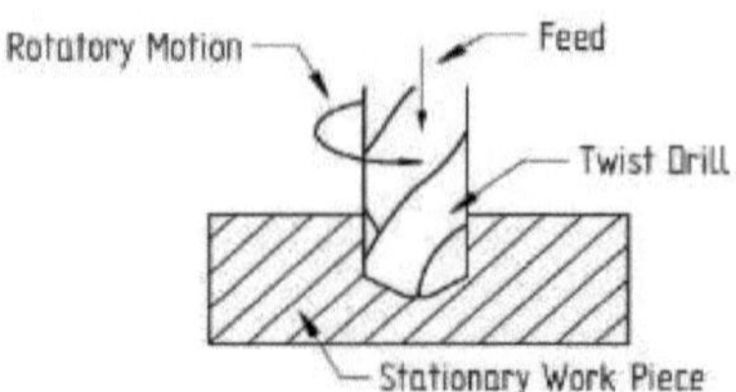


**Fig 2.10 Operação de perfuração**

**Mandrilamento:** A operação de mandrilamento é feita para terminar um furo perfurado. É um processo de alargamento do furo já efectuado. A operação de perfuração é efectuada com uma ferramenta de corte de ponta única. Isto torna-se necessário quando não existe uma broca de tamanho adequado ou quando o diâmetro é tão grande que não pode ser perfurado normalmente. O mandrilamento corrige o arredondamento do furo para um tamanho exato. A fresa é mantida numa barra de perfuração que está ligada ao eixo da máquina de perfuração. A velocidade de mandrilamento é um quarto da velocidade de perfuração. O processo é muito lento em comparação com qualquer outro processo de perfuração
operações.

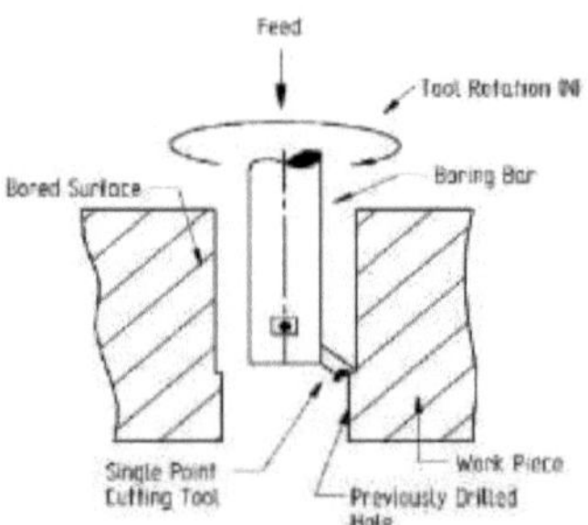


**Fig 2.11 Operação de perfuração**

**Alargamento:** A escareação é uma operação de dimensionamento e acabamento efectuada num orifício previamente perfurado. A ferramenta utilizada para a operação de alargamento é conhecida como alargador, que tem múltiplas arestas de corte. A velocidade do fuso é metade em comparação com a operação de perfuração. Os alargadores não podem produzir furos, mas seguem o caminho já definido pela perfuração. O metal removido neste processo é pequeno, com uma variação de cerca de 0,35 mm.

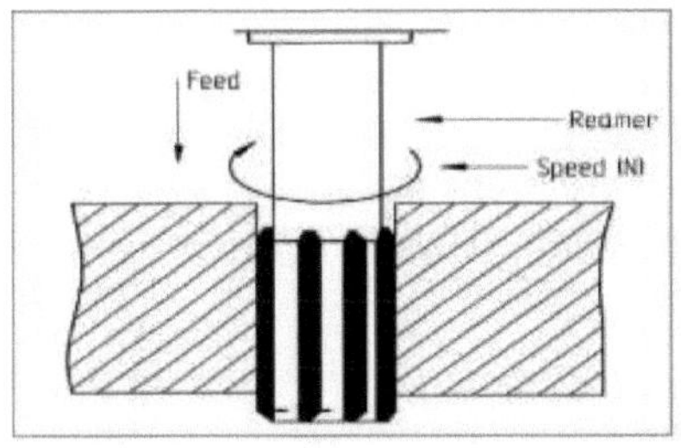

**Fig 2.12 Operação de alargamento**

**Rosqueamento:** A roscagem foi definida como um processo de produção de roscas internas utilizando uma ferramenta (macho) que tem dentes na sua periferia para cortar roscas num furo pré-perfurado. A combinação de um movimento rotativo e axial relativo entre o macho e a peça de trabalho forma as roscas.

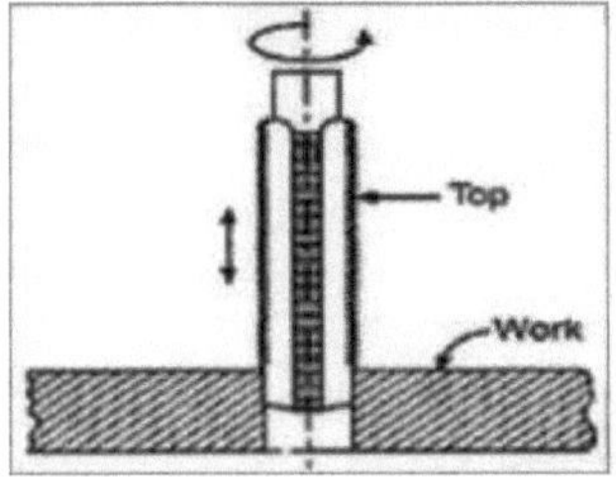

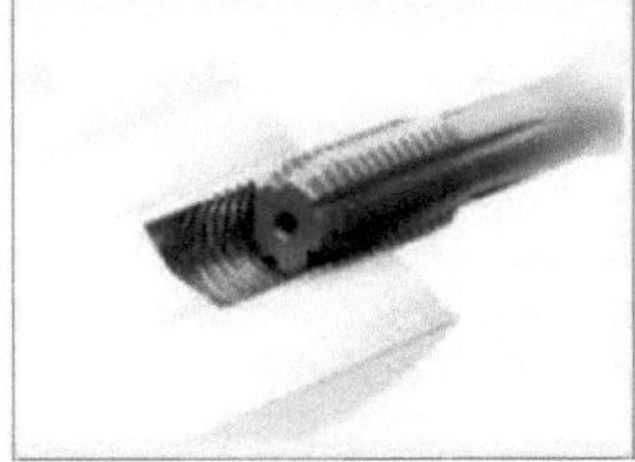

**Fig 2.13 Operação de roscagem**

❖ **Contra-furo:** É a operação de alargar a extremidade superior de um furo de forma cilíndrica. Isto forma um ombro quadrado no furo original. Isto é necessário nalguns casos para acomodar as cabeças dos parafusos, pernos e pinos. A ferramenta de rebaixamento é uma ferramenta de corte multiponto. A operação de rebaixamento é efectuada a uma velocidade muito inferior à da perfuração. Na ponta da ferramenta, um piloto, que se estende para além da aresta de corte, guia a ferramenta para um alinhamento correto com a peça de trabalho.

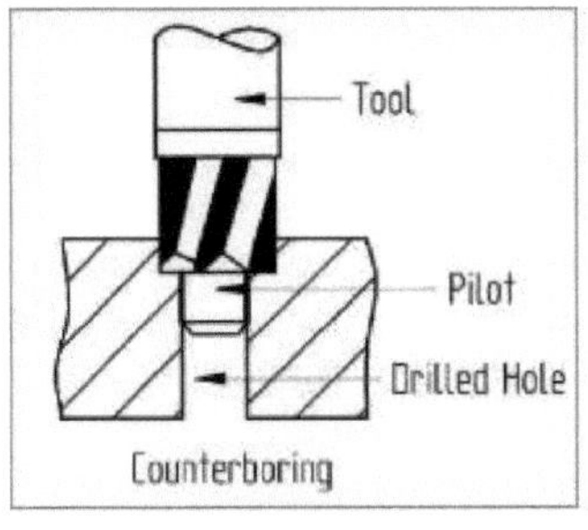

**Fig 2.14 Operação de perfuração em contador**

❖ **Contra-fundação: O escareamento** é a operação de fazer uma forma cónica no topo do furo num furo cilíndrico previamente perfurado. O escareamento é efectuado para encaixar um parafuso ou um rebite de escareamento. A parte superior do furo tem uma forma cónica em comparação com a forma quadrada do rebaixamento. Inicialmente, é feito um furo na peça de trabalho com uma broca. Em seguida, a ferramenta de rebaixamento é utilizada para fazer um furo em forma de cone na parte superior.

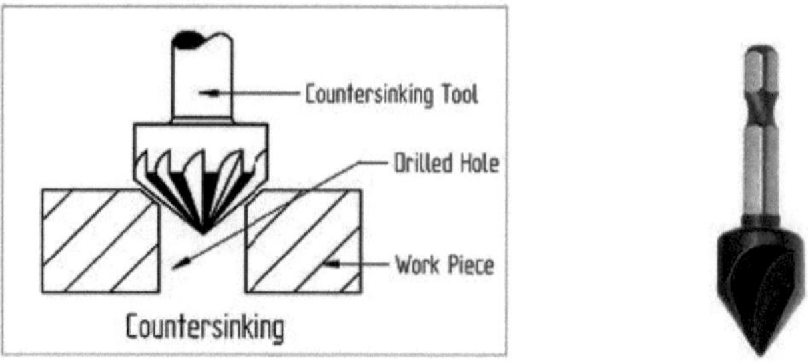


**Fig 2.15 Operação de rebaixamento**

**Fresagem:** A fresagem é um dos processos de maquinagem mais versáteis ou um processo de corte de metal para remover o excesso de material de uma peça de trabalho com uma ferramenta de corte múltipla rotativa. Cada dente remove uma pequena quantidade de metal em cada rotação; por conseguinte, a taxa de remoção de metal é elevada. A fresagem pode ser utilizada para produzir uma grande variedade de formas e tamanhos complexos.

A fresagem é uma operação de corte de metal em que a ferramenta de corte é uma fresa de rotação lenta com dentes de corte formados na sua periferia. A fresa é uma ferramenta de corte multiponto. A peça de trabalho é montada numa mesa de trabalho móvel, que será alimentada contra a fresa rotativa para realizar a operação de corte.

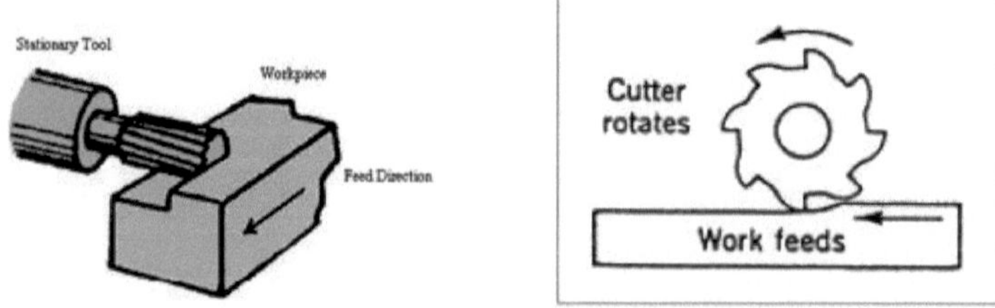


**Fig 2.16 Princípio da fresagem**

Uma fresadora é uma máquina-ferramenta utilizada para produzir peças com formas planas e curvas de metal e outros materiais sólidos. A sua forma básica é a de uma fresa rotativa ou de uma fresa de topo que gira em torno do eixo do fuso (semelhante a um berbequim) e de uma mesa móvel à qual é fixada a peça de trabalho. Ou seja, a ferramenta de corte permanece geralmente estacionária (exceto no que se refere à sua rotação) enquanto a peça de trabalho se desloca para realizar a ação de corte.

**Tipos de fresagem**

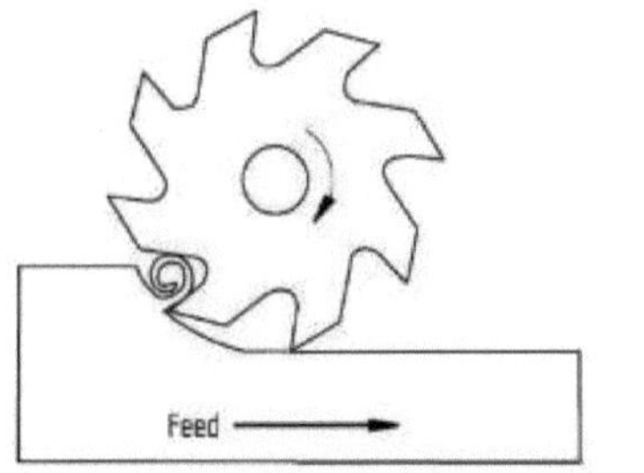

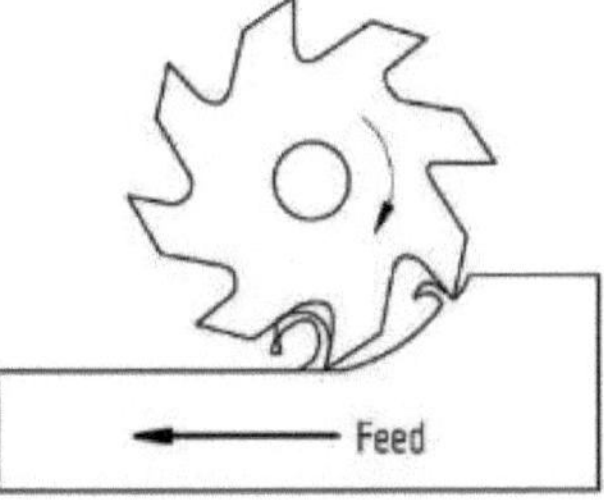


**Fresagem para cimaFresagem para baixo**

**Fig 2.17 Tipos de fresagem**

A figura mostra o princípio da ação de corte da fresa. A fresa é montada num eixo rotativo conhecido como mandril. A peça de trabalho que está montada na mesa pode ser alimentada na direção oposta à da fresa rotativa ou na mesma direção da fresa, como mostra a figura. Quando a peça de trabalho é alimentada na direção oposta à do dente da fresa no ponto de contacto, o processo é designado por fresagem convencional ou ascendente. Neste processo, à medida que a peça de trabalho avança contra a fresa rotativa, a limalha que é removida torna-se progressivamente mais espessa, como se mostra na figura. A ação da fresa força a peça de trabalho e a mesa contra a direção do avanço da mesa, assim cada dente da fresa entra gradualmente no metal limpo, minimizando assim a carga de choque em cada dente. A desvantagem deste método é que, ao fazer cortes profundos, como em operações de entalhe pesado. A fresa tende a puxar a peça de trabalho para fora do torno ou da fixação, uma vez que a força de corte é dirigida para cima num ângulo.

Quando a peça de trabalho é alimentada na mesma direção que a do dente da fresa no ponto de contacto, como mostra a figura, o processo é designado por fresagem ascendente ou descendente. Neste processo, a fresa entra na parte superior da peça de trabalho e remove a apara que se torna progressivamente mais fina à medida que o dente da fresa roda. Geralmente, pode ser removido mais metal por cada corte do que na fresagem ascendente convencional. A fresagem ascendente é utilizada apenas em materiais sem incrustações ou outras imperfeições superficiais que possam danificar as fresas.

**Operações de fresagem:**

- **Fresagem plana**
- **Fresagem de topo**
- **Fresagem de ranhuras**

**Fresagem em placa ou plana:** A fresagem em placa é a operação que consiste em produzir uma superfície plana e horizontal paralela ao eixo de rotação de uma fresa de placa. A fresagem em placa é efectuada para remover o material da superfície superior da peça de trabalho. As fresas de disco são fixadas na árvore e podem ter dentes rectos ou helicoidais. Ambas as fresas podem ser utilizadas para gerar superfícies planas. A profundidade de corte requerida pode ser ajustada levantando a mesa ou o joelho e o avanço é dado movendo a sela.

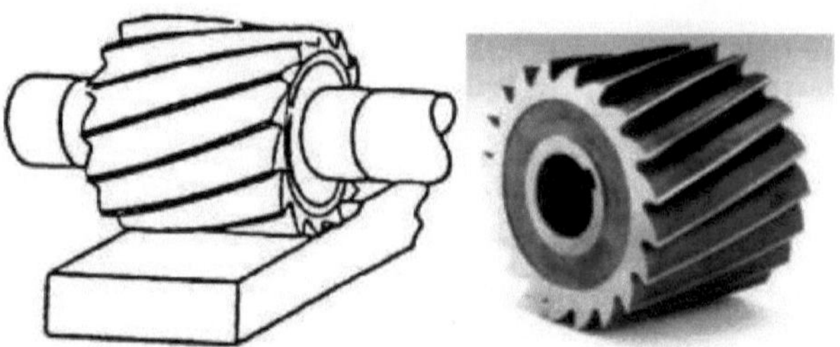

Fresagem em placas ou planaFresa de dentes helicoidais

**Fig 2.18 Fresagem de lajes**

**Fresagem de topo:** Uma fresa de topo é um tipo de fresa, uma ferramenta de corte utilizada em aplicações industriais de fresagem.

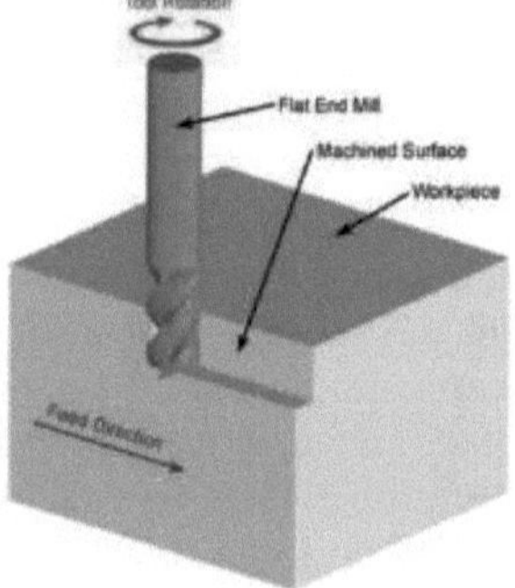


**Fig 2.19 Fresagem de topo**

Distingue-se da broca na sua aplicação, geometria e fabrico. Enquanto uma broca só pode cortar na direção axial, uma broca de fresagem pode geralmente cortar em todas as direcções, embora algumas não possam cortar axialmente. As fresas de topo são utilizadas em aplicações de fresagem como a fresagem de perfis, a fresagem de traçadores, a fresagem de faces e o mergulho. **Entalhamento:** O processo de produção de ranhuras de chaveta e ranhuras de formas e tamanhos variados é conhecido como entalhe. A fresa lateral é montada na árvore de uma fresadora horizontal quando o entalhe tem de ser feito numa fresadora horizontal. T - As ranhuras e os entalhes em cauda de andorinha são efectuados numa fresadora vertical

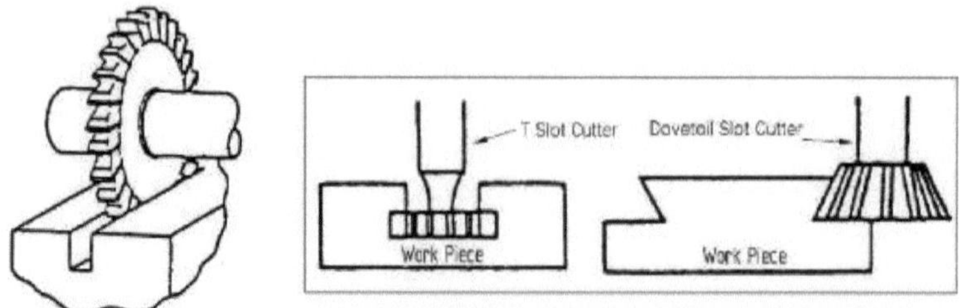


**Fig 2.20 Entalhe simples da ranhura da chaveta com uma fresa lateral**

**Máquina de moldagem**

O shaper é um tipo de máquina-ferramenta recíproca destinada principalmente a produzir superfícies planas. Estas superfícies podem ser horizontais, verticais ou inclinadas. Em geral, o shaper pode produzir qualquer superfície composta por elementos de linha reta. As formas modernas podem gerar superfícies com contornos. A máquina-ferramenta shaper utiliza uma ferramenta de corte de ponto único que percorre a peça e a alimenta no final de cada curso. Os tipos de superfícies que melhor pode produzir são apresentados na figura.

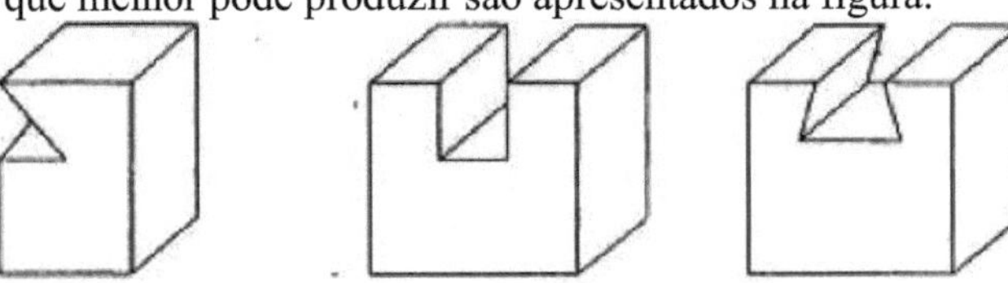

**Fig 2.21 Ranhuras maquinadas no Shaper**

O trabalho de contorno pode também ser efectuado coordenando o avanço manual da ferramenta com uma linha de traçado, ou duplicando locais de fixação na máquina. Assim, os contornos podem ser formados com ferramentas de corte de ponto único de baixo custo para pequenas tiragens em que o custo das ferramentas para trabalhos de fresagem é proibitivo.

**Tipos de modeladores:** Os shapers classificam-se de várias formas, consoante as características gerais de conceção ou o fim a que se destinam. Os shapers são classificados nas seguintes categorias

1. De acordo com o tipo de mecanismo utilizado para dar movimento recíproco ao carneiro
a) Tipo de manivela
b) Tipo de engrenagem
c) Tipo hidráulico
2. De acordo com a posição e o curso do braço:
a) Tipo horizontal
b) Tipo vertical
c) Tipo de cabeça móvel



3. De acordo com o tipo de conceção da mesa:
a) Modelador standard
b) Modelador universal
4. De acordo com o tipo de curso de corte:
a) Tipo de impulso
b) Tipo de desenho

**Shaper de manivela:** Este é o tipo mais comum de shaper em que uma ferramenta de corte de ponta única dá um movimento recíproco igual ao comprimento do curso desejado enquanto o trabalho é fixado em posição numa mesa ajustável. Na sua construção, a modeladora de manivela emprega um mecanismo de manivela para mudar o movimento circular de uma grande engrenagem chamada "bull gear" incorporada na máquina para o movimento recíproco do cilindro. A engrenagem do touro recebe energia de um motor individual ou de um eixo de linha aérea se for uma modeladora accionada por correia.

**Tipo de engrenagem:** O movimento recíproco do êmbolo em alguns tipos de modeladores é efectuado por meio de uma cremalheira e de um pinhão. Os dentes da cremalheira, que são cortados diretamente por baixo do êmbolo, engrenam com uma engrenagem de dentes rectos. O pinhão que engrena com a cremalheira é acionado por um trem de engrenagens. Este tipo de fresa não é muito utilizado.

**Máquina de corte hidráulica:** Numa fresadora hidráulica, o movimento alternativo do êmbolo é obtido através de energia hidráulica. O óleo sob alta pressão é bombeado para o cilindro de acionamento cheio de um pistão. A extremidade do pistão está ligada ao êmbolo. O óleo a alta pressão actua primeiro num lado do êmbolo e depois no outro, fazendo com que o êmbolo se movimente e o movimento seja transmitido ao êmbolo. Uma das vantagens mais importantes deste tipo de modeladora é o facto de a velocidade de corte e a força de acionamento do êmbolo serem constantes desde o início até ao fim do corte. Oferece também uma grande flexibilidade de controlo da velocidade e do avanço, eliminando a possibilidade de choque. O deslizamento ou abrandamento do movimento quando a ferramenta de corte é sobrecarregada, protegendo as peças ou as ferramentas contra a quebra. Outra vantagem é o facto de a máquina não fazer qualquer ruído e funcionar de forma muito silenciosa.

**Shaper horizontal:** Num shaper horizontal, o êmbolo que segura a ferramenta alterna num eixo horizontal. As fresadoras horizontais são utilizadas principalmente para produzir superfícies planas.

**Máquina de corte vertical:** Num shaper vertical, o êmbolo que segura a ferramenta roda no eixo vertical. Os shapers verticais podem ser accionados por manivela, por parafuso ou por energia hidráulica. A mesa de trabalho de um shaper vertical pode receber movimentos transversais, longitudinais e rotativos. As fresadoras verticais são muito convenientes para a maquinagem de superfícies internas, ranhuras de chaveta, ranhuras ou ranhuras. Existem máquinas de corte vertical especialmente concebidas para a maquinagem de ranhuras de chaveta internas. São então designadas por fresadoras de chaveta.

**Máquina de corte com cabeça móvel:** Num shaper de cabeça móvel, o êmbolo que transporta a ferramenta, enquanto esta se desloca, move-se transversalmente para dar o avanço necessário. Os trabalhos pesados e pesados, que são muito difíceis de segurar na mesa de um shaper normal e que são alimentados através da ferramenta, são mantidos estáticos na base da base da máquina enquanto o aríete retribui e fornece os movimentos de alimentação.

**Máquina de corte standard ou plana:** Uma máquina de corte é designada por standard ou plana quando a mesa tem apenas dois movimentos, vertical e horizontal, para dar o avanço. A mesa pode ou não estar apoiada na extremidade exterior.

**Tupia universal**: Numa fresadora universal, para além de a mesa poder ser rodada em torno de um eixo paralelo às vias de compressão, a parte superior da mesa pode ser trabalhada em torno de um segundo eixo horizontal perpendicular ao eixo. Como o trabalho montado na mesa pode ser ajustado em diferentes planos, a máquina é mais adequada para diferentes tipos de trabalho e recebe o nome de "Universal". Uma fresadora universal é utilizada principalmente em trabalhos de sala de ferramentas.

**Shaper de empurrar:** Este é o tipo mais geral de shaper utilizado na prática comum. O metal é retirado quando o êmbolo se afasta da coluna, ou seja, empurra o trabalho. **Shaper de tração:** Num shaper de tração, o metal é retirado quando o êmbolo se desloca em direção à coluna da máquina, ou seja, puxa o trabalho em direção à máquina. A ferramenta é colocada numa direção inversa à de um shaper standard.

**Principais partes de um Shaper standard:**

**4- Base:** A base é a cama ou suporte necessário para todas as máquinas-ferramentas. A base pode ser rigidamente aparafusada ao chão da oficina ou na bancada, consoante o tamanho da máquina. É feita de ferro fundido para resistir às vibrações e suporta uma elevada carga de compressão.

**4- Coluna:** A coluna é uma peça fundida em forma de caixa montada sobre a base. Encerra o mecanismo de acionamento do êmbolo. No topo da coluna existem duas guias maquinadas com precisão, sobre as quais o êmbolo se desloca.

**4- Calha transversal:** A travessa é montada sobre as guias verticais frontais da coluna. Tem duas guias paralelas no seu topo no plano vertical, perpendiculares ao eixo do cilindro. A travessa é montada nas guias verticais frontais da coluna. Tem duas guias paralelas no seu topo nos planos verticais, perpendiculares ao eixo do cilindro. A mesa pode ser levantada ou baixada para acomodar trabalhos de diferentes dimensões, rodando um parafuso de elevação que faz deslizar a travessa para cima e para baixo na face vertical da coluna. Um parafuso horizontal de avanço transversal, montado no interior da calha transversal e paralelo às guias superiores da calha transversal, acciona o movimento transversal da mesa.

**4- Sela: O selim** é montado na travessa, que mantém a mesa firmemente no seu topo. O movimento transversal do selim através da rotação manual ou eléctrica do parafuso de avanço transversal faz com que a mesa se desloque lateralmente.

**4- Mesa:** A mesa, que é aparafusada ao selim, recebe os movimentos transversais e verticais do selim e da travessa. É uma peça fundida em forma de caixa com ranhuras em T, tanto no topo como nos lados, para fixar o trabalho. Numa máquina de moldar universal, a mesa pode ser rodada sobre um eixo horizontal e a parte superior da mesa pode ser inclinada para cima ou para baixo.

**4- Aríete:** O carneiro é o membro recíproco da máquina de corte. Desliza sobre as guias em cauda de andorinha maquinadas com precisão no topo da coluna e está ligado ao mecanismo alternativo contido na coluna.

**4- Cabeça da ferramenta:** A cabeça da ferramenta de um shaper segura a ferramenta rigidamente, fornece movimento vertical e angular da ferramenta e permite que a ferramenta tenha um alívio automático durante o seu curso de retorno. O carro vertical da cabeça da ferramenta tem uma base giratória, que é mantida num assento circular no cilindro. A base giratória, que é mantida numa sede circular no cilindro, é graduada em graus. Ao rodar o manípulo do parafuso de avanço para baixo, a corrediça vertical que transporta a ferramenta dá um avanço para baixo ou uma superfície angular. A quantidade de avanço ou a profundidade de corte podem ser ajustadas por um mostrador micrométrico na parte superior do parafuso de avanço descendente. O avental, constituído por uma caixa de pinças e uma coluna de ferramentas, é fixado à corrediça vertical por um parafuso. As duas paredes verticais do avental, designadas por caixa do tampão, alojam o bloco do tampão, que é montado no bloco do tampão. No curso de corte para a frente, o bloco do tampão encaixa firmemente na caixa do tampão para fazer um suporte rígido da ferramenta. No curso de retorno, um ligeiro arrastamento por fricção da ferramenta sobre o trabalho eleva o bloco para fora da caixa do tampão numa quantidade suficiente para evitar o arrastamento da aresta de corte da ferramenta e o consequente desgaste. A superfície de trabalho também é impedida de sofrer danos devido ao arrastamento.

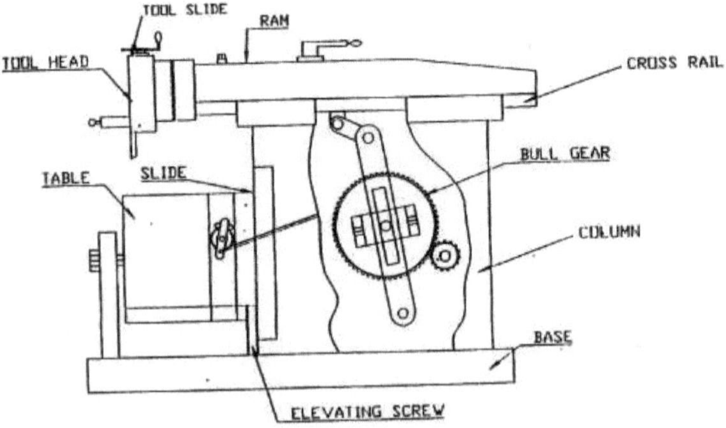


**Fig 2.22 Partes principais** do **shaper**

## Maquinação de superfícies verticais

No acabamento de uma peça, de um bloco ou no corte de um ressalto, é utilizado o processo de maquinagem vertical de superfícies. A superfície a maquinar é devidamente alinhada com o eixo do martelo e posicionada num torno ou pinça apertados ou diretamente sobre a mesa. Na coluna de ferramentas, é colocada uma ferramenta de corte lateral. O comprimento e a posição do curso são ajustados. O avental é rodado para longe da superfície a ser cortada, enquanto o carro vertical é colocado precisamente em zero. Este passo é efectuado porque a ferramenta deve ser capaz de se mover para cima e para longe do trabalho durante o curso de retorno. Ao rodar manualmente o parafuso de avanço para baixo, o avanço para baixo é fornecido. No final de cada curso de retorno, é dado um avanço de aproximadamente 0,25 mm. Para completar o trabalho, são efectuados cortes de desbaste e finais.

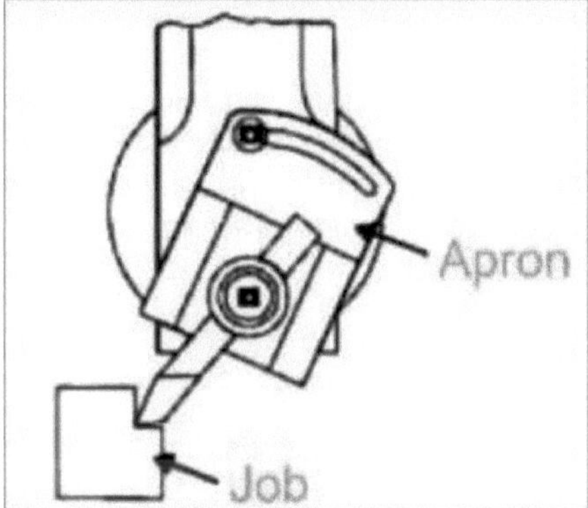


**Fig 2.23 Maquinação de superfícies verticais**

## Maquinação de superfícies horizontais

Um shaper é principalmente utilizado em operação horizontal para criar uma superfície plana numa peça de trabalho, mantida num torno. A mesa é levantada até que haja um espaço de 25 mm a 30 mm entre a ferramenta e a peça de trabalho. A posição do curso é ajustada de modo a que a ferramenta se desloque 12 mm a 15 mm antes da operação de moldagem. O curso deve ser 20 mm mais longo do que o trabalho. Para trabalhos de desbaste, a profundidade de corte varia frequentemente entre 1,5 e 3 mm, enquanto que para trabalhos de acabamento, varia normalmente entre 0,075 e 0,2 mm.

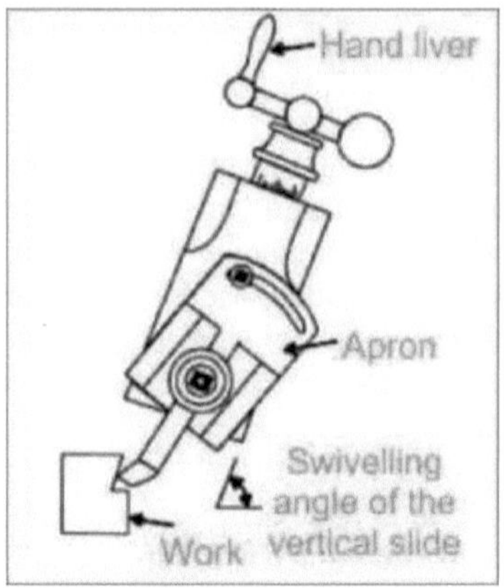

**Fig 2.24 Maquinação de superfícies horizontais**

**Máquina de moldagem de tipo horizontal**

O aríete move-se num movimento recíproco neste tipo de máquinas de corte. Quando o cilindro se desloca, mantém a ferramenta num eixo horizontal. As máquinas de moldar horizontais são utilizadas para moldar ranhuras externas, ranhuras de chaveta e outras características semelhantes.

**Fig 2.25 Máquina de moldagem horizontal**

**Máquina de moldagem de tipo vertical**

O movimento recíproco do êmbolo neste tipo de máquinas de corte ocorre num plano vertical onde a mesa suporta o objeto. As máquinas de corte vertical podem ser accionadas manualmente, por cremalheira, por parafuso ou por sistema hidráulico. A peça de trabalho pode deslocar-se em qualquer direção, incluindo transversal, longitudinal e rotativa. Este tipo de shaper pode maquinar superfícies internas, ranhuras e rasgos de chaveta.

**Fig 2.26 Máquina de moldagem vertical**

CAPÍTULO-3

# INTRODUÇÃO AOS MOTORES IC

# MOTORES DE COMBUSTÃO INTERNA

**Introdução:**

Qualquer máquina que converta a energia térmica em energia mecânica útil é designada por motor. As máquinas podem ser uma turbina a gás, uma turbina a vapor e um motor.

Todos os motores são classificados em duas categorias, a saber

i) Motor de combustão interna

ii) Motor de combustão externa

**Motor de combustão interna**:

Se a combustão do combustível ocorrer num cilindro e o calor for convertido em energia mecânica, é conhecido como motor de combustão interna, por exemplo, motores de ciclomotores, scooters, bicicletas, automóveis, autocarros, camiões, etc;

**Motor de combustão externa**:

Se a combustão do combustível tiver lugar numa câmara de combustão e a energia térmica for levada para uma máquina através de uma tubagem, onde a energia térmica é convertida em energia mecânica, é conhecido como motor de combustão externa. Ex: turbina a gás e máquina a vapor.

**Classificação dos motores de combustão interna**

Os motores de combustão interna são classificados de acordo com

1) De acordo com o ciclo termodinâmico

1) Ciclo Otto ii) Ciclo diesel iii) Ciclo de dupla combustão

2) De acordo com o número de acidentes vasculares cerebrais

1) Dois temposeii ) Quatro tempos

3) De acordo com o número de cilindros

1) Motor de um cilindro ii) Motor multicilindro

4) De acordo com o método de ignição

i)Ignição por faísca (motor a gasolina, a gás)

11) Ignição por compressão (gasóleo, óleo vegetal)

5) De acordo com o tipo de combustível utilizado

i) Gasolinaii ) Gasóleoiii ) Gás

iv) Biocombustível (óleo de amendoim, óleo de girassol, óleo de linhaça)

6) De acordo com a posição do cilindro

i) Motor horizontal (hero Honda)

ii) Motor vertical (motores de automóveis, autocarros, camiões)

iii) Motor em V

iv) Motor radial (antigo motor de avião)

v) Motor de cilindros opostos

7) De acordo com o método de arrefecimento

1) Arrefecimento por arii ) Arrefecimento por água iii) Arrefecimento por líquido

8) De acordo com a velocidade do motor

1) Motor de baixa velocidade ii) Motor de velocidade média iii) Motor de

velocidade elevada

**Partes do motor de combustão interna**

Os componentes dos motores de combustão interna são o cilindro, a cabeça, o pistão, os anéis do pistão (anéis de compressão e anel de controlo do óleo), a biela e a cambota.

**Função das peças do motor de combustão interna**:

**Cilindro**: (bloco de cilindros) O cilindro é a parte principal de um motor. A combustão tem lugar na câmara de combustão e estes gases exercem pressão sobre o pistão. Devido às elevadas pressões dos gases, o pistão alterna no bloco de cilindros. O cilindro foi concebido para suportar a elevada pressão dos gases. A temperatura na câmara de combustão (bloco de cilindros) pode atingir $2800^0$ C. O cilindro tem de ser arrefecido adequadamente por arrefecimento a ar ou a água. No caso dos motores arrefecidos a ar, existem alhetas à volta do bloco de cilindros (scooters e bicicletas) e, nos motores arrefecidos a água, existem camisas de água para a circulação da água, de modo a dissipar o calor à volta do bloco de cilindros. O material do bloco de cilindros é a liga de alumínio.

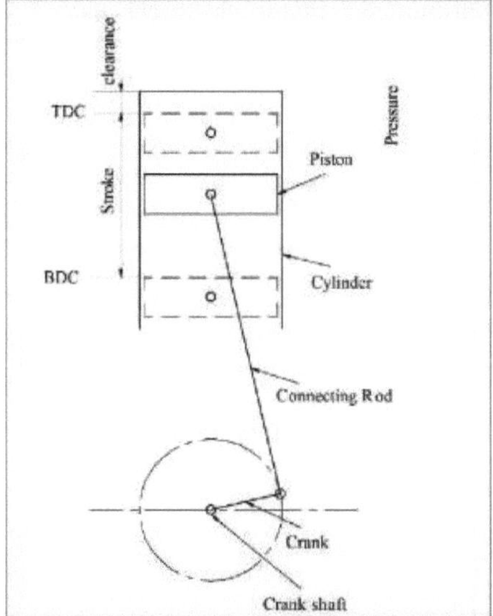


**Fig 3.1 Partes de motores de combustão interna**

**Cabeça**: (cabeça do cilindro) A cabeça é montada na parte superior do bloco de cilindros. Nos motores a dois tempos, apenas a vela de ignição está instalada na cabeça do cilindro.

Nos motores a quatro tempos, as válvulas de admissão, de escape e de ignição estão instaladas na cabeça do cilindro. A cabeça é construída com dois orifícios: um orifício, que permite a entrada da carga no bloco de cilindros, é conhecido como orifício de admissão e o segundo orifício, que permite a saída dos gases de escape do bloco de cilindros, é conhecido como orifício de escape. Nos motores a gasolina, a vela de ignição está instalada na cabeça, ao passo que nos motores a gasóleo, o injetor de combustível está instalado para injetar o gasóleo no bloco de cilindros. O material da cabeça do cilindro é a liga de alumínio

**Pistão**: O pistão é um obturador cilíndrico que converte a energia térmica em energia mecânica. Um pistão de dois tempos está equipado apenas com um anel de compressão. No motor a quatro tempos, estão instalados o anel de compressão e os anéis de controlo do óleo. O pistão está ligado à extremidade mais pequena da biela. O pistão é feito de liga de alumínio. As funções do pistão são

i) O pistão actua como um vedante

ii) Proporcionar a passagem do fluxo de calor do pistão para o bloco de cilindros através dos anéis. iii) Transmitir a força de explosão à cambota através da biela.

**Biela**: A extremidade pequena da biela está ligada ao pistão e a extremidade grande da biela está ligada à cambota. A biela converte o movimento recíproco do pistão em movimento rotativo da cambota. A biela é fabricada com uma secção transversal em I para proporcionar a máxima rigidez com o mínimo de peso.

**Virabrequim**: A extremidade maior da biela está ligada à cambota. A transmissão de potência começa na cambota. A cambota é fixada rigidamente no cárter. A outra extremidade da cambota está ligada a uma embraiagem.

**Cárter**: O cárter está instalado na parte inferior do bloco de cilindros. O cárter do motor a dois tempos está devidamente vedado e é hermético. O cárter do motor a quatro tempos serve de reservatório, cheio com uma quantidade suficiente de óleo lubrificante. Este óleo lubrifica as chumaceiras principais da cambota, as chumaceiras da extremidade grande da biela, lubrifica a camisa do cilindro, o pistão e os anéis do pistão.

**Ponto morto superior** (TDC): A posição mais elevada do pistão na extremidade da tampa é conhecida como ponto morto superior.

**Ponto morto inferior** (BDC): A posição mais baixa do pistão na extremidade da manivela é conhecida como ponto morto inferior.

**Comprimento do curso (l)**: Rodar a cambota lentamente, o pistão começa a mover-se lentamente em direção ao ponto morto superior, a rotação adicional da cambota move o pistão em direção ao topo e, de repente, muda de direção (começa a mover-se na direção descendente), a paragem momentânea do pistão indica a posição do TDC.

Rodar ainda mais a cambota; o pistão começa a mover-se na direção descendente, este movimento continua até o pistão atingir o ponto morto inferior. Aqui também o pistão atinge o ponto morto inferior e muda subitamente de direção, o ponto em que pára é conhecido como BDC.

**Volume de folga:** Quando o pistão está na posição TDC, o volume do cilindro acima dele é conhecido como volume de folga e é denotado por $v_c$

**Volume varrido**: O volume varrido pelo pistão enquanto viaja de TDC para BDC é conhecido como volume varrido e é denotado por $v_s$.

$$V_s = (\pi d^2 / 4) * l \quad cm^3$$

**Taxa de compressão**: É a relação entre o volume total do cilindro ($v_s$.+ $v_c$) e o volume livre ($v_c$). Denota-se por "r".

$$r = (V_s + V_c) / V_c$$

A taxa de compressão dos motores a gasolina varia entre 7 e 10.
A taxa de compressão do motor diesel varia entre 15 e 24.

**Motor a gasolina a dois tempos:**

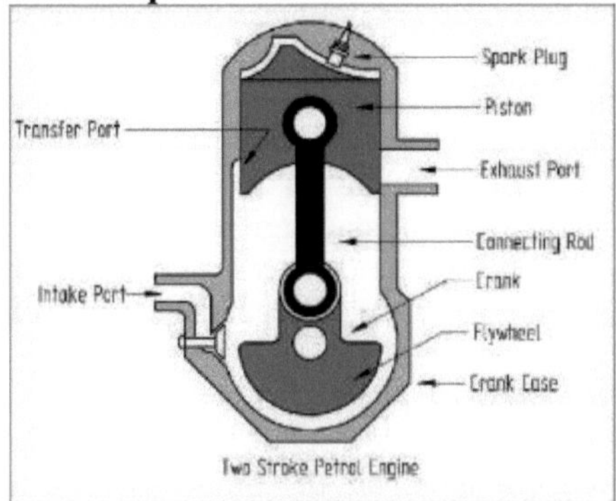


**Fig 3.2 Motor a gasolina a dois tempos**

Os componentes do motor a gasolina a dois tempos são

**Cilindro**: A camisa do cilindro é feita sob a forma de barril (cilindro oco). A cabeça está ligada na parte superior do cilindro. Na parte inferior do cilindro está ligado um cárter. A camisa do cilindro está equipada com alhetas de arrefecimento para efeitos de arrefecimento; um orifício de escape está localizado em frente ao orifício de transferência. Uma extremidade da porta de transferência está ligada ao cilindro e a outra extremidade está ligada ao cárter, através do qual entra a carga.

**Cabeça:** A vela de ignição está instalada no topo da cabeça. A cabeça dispõe de aletas para arrefecimento.

**Cárter**: O cárter está instalado na parte inferior do cilindro. Existe um orifício de entrada no cárter para permitir a passagem da carga do carburador para o cárter e um outro orifício, designado por orifício de transferência, que transfere a carga do orifício de transferência para o cilindro. O cárter do motor a dois tempos deve ser uma câmara hermética, que evite a fuga de ar para dentro ou para fora do cilindro.

**Pistão**: A abertura e o bloqueio dos orifícios são efectuados pelo movimento do pistão no cilindro. O pistão está equipado apenas com anéis de compressão (2 ou 3 anéis)

O motor a gasolina a dois tempos funciona segundo o princípio do ciclo de Otto. Os componentes do motor a gasolina de dois tempos são o cilindro, o pistão, a cabeça, o cárter, a biela, a cambota, a vela de ignição, o orifício de admissão, o orifício de transferência e o orifício de escape. O pistão executa dois cursos para completar um ciclo. Os dois cursos são: i) Primeiro curso ou curso descendente; ii) Segundo curso ou curso ascendente.

**Curso ascendente ou curso de trabalho**: Nos motores a gasolina a dois tempos, existe alguma carga no bloco de cilindros ou no cárter. Para arrancar um motor a dois tempos, a energia é fornecida através de um motor de arranque ou de um arranque elétrico.

Durante o curso ascendente, o pistão alterna do ponto morto superior para o ponto morto inferior. À medida que o pistão se move para cima, o volume por baixo do pistão aumenta, o que resulta numa diminuição da pressão no cárter. Devido à diferença de pressão, a carga (gasolina e ar) é aspirada do carburador. À medida que o pistão se move mais para cima, cobre os orifícios de escape e de transferência, e agora a carga é sujeita a compressão. Antes do final do curso de compressão, a faísca (ângulo de manivela $20^{o}$ antes do TDC) ocorre na câmara de combustão. Devido à combustão da carga, a pressão aumenta, o que empurra o pistão para baixo, ou seja, o curso de trabalho do pistão. À medida que o pistão se move rapidamente na direção descendente, comprime a carga presente no cárter.

**Curso descendente ou curso de escape**: À medida que o pistão se move mais para baixo, primeiro abre a porta de escape. Devido à diferença de pressão, os gases de alta pressão deixam a câmara de combustão. À medida que o pistão se move mais para baixo, abre a porta de transferência, que permite que a carga comprimida no cárter entre no cilindro. A carga fresca é deflectida para cima pelo deflector existente na parte superior do pistão e empurra os restantes gases de escape presentes no cilindro. O processo de remoção dos gases de escape do cilindro é conhecido por "scavenging".

**Funcionamento do motor a gasolina a quatro tempos**

O motor a gasolina a quatro tempos funciona segundo o princípio do ciclo de Otto (volume constante). As partes do motor a gasolina a quatro tempos são o cilindro, o pistão, a cabeça, o cárter, a biela, a cambota, a vela de ignição, a válvula de admissão e a válvula de escape. O motor a gasolina a quatro tempos pode ser arrefecido a ar ou a água. O pistão executa quatro cursos para completar um ciclo. Os quatro cursos diferentes são

i) Curso de aspiração
ii) Curso de compressão
iii) Curso de potência ou de expansão
iv) Curso de escape.

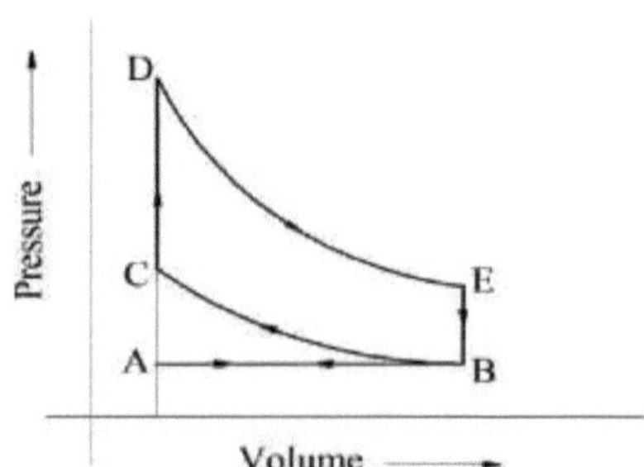


**Fig 3.3 Diagrama PV do motor a gasolina**

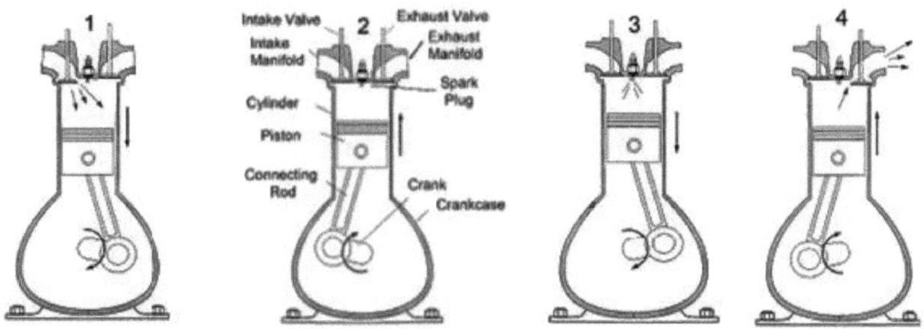


**Fig 3.4 Diferentes cursos do motor a gasolina 4S**

**Curso de aspiração**: O curso de aspiração é completado rodando a cambota de $0^{o}$ a $180^{o}$ . Durante o curso de aspiração, a válvula de admissão abre-se e a válvula de escape deve manter-se fechada. Quando o pistão começa a mover-se do TDC para o BDC, o volume acima do pistão aumenta, o que resulta numa diminuição da pressão (vácuo). Esta diminuição da pressão retira a mistura de gasolina e ar do carburador e entrega-a ao cilindro, este processo é contínuo até a pressão no interior do cilindro se tornar igual à da atmosfera.

No final do curso de aspiração, o cilindro está completamente cheio com a mistura de gasolina e ar. No final do curso de aspiração, a válvula de admissão fecha-se. A linha AB no diagrama PV representa o curso de aspiração (volume de mistura enchido no cilindro).

**Curso de compressão**: A rotação da cambota de $180^{0}$ para $360^{0}$ completa o curso de compressão. Durante o curso de compressão, as válvulas de admissão e de escape estão fechadas. Neste curso, o pistão desloca-se do ponto BDC para o ponto TDC. Quando o pistão começa a mover-se de BDC para TDC, a mistura é comprimida e a pressão aumenta no cilindro. A linha BC representa o curso de compressão.

No final do curso de compressão, ou perto dele, ocorre a faísca, que inflama a mistura de gasolina e ar. A combustão da mistura liberta gases quentes, que aumentam a pressão a volume constante. A linha CD representa o aumento da pressão a volume constante.

**Curso de potência**: A rotação da cambota de $360^{0}$ para $540^{0}$ completa o curso de potência. Durante o curso de potência (curso de expansão), tanto a válvula de admissão como a válvula de escape estão na posição fechada. Os gases de alta pressão produzidos devido à combustão exercem pressão na face superior do pistão, que se move rapidamente na direção descendente e executa o curso de potência.

**Curso de escape**: A rotação da cambota de $540^{0}$ para $720^{0}$ completa o curso de escape. No início do curso de escape, a válvula de escape abre-se e o movimento ascendente do pistão empurra os gases de escape para fora do cilindro. No final do curso de escape, a válvula de escape fecha-se. Assim, completa-se um ciclo rodando a cambota de $0^{0}$ a $720^{0}$ . **Funcionamento do motor diesel de quatro tempos**

O motor diesel a quatro tempos funciona segundo o princípio do ciclo diesel (pressão constante). Os componentes do motor diesel a quatro tempos são o cilindro, o pistão, a cabeça, o cárter, a biela, a cambota, o injetor de combustível, a válvula de admissão e a válvula de escape. O motor diesel a quatro tempos pode ser arrefecido a ar ou a água. O pistão executa quatro cursos para completar um ciclo. Os quatro tempos diferentes são

i) Curso de aspiração
ii) Curso de compressão
iii) Curso de potência ou de expansão
iv) Curso de escape.

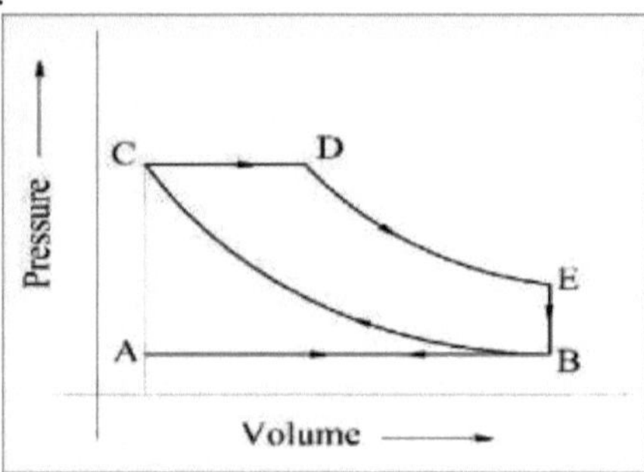


**Fig 3.5 Diagrama PV do motor diesel**

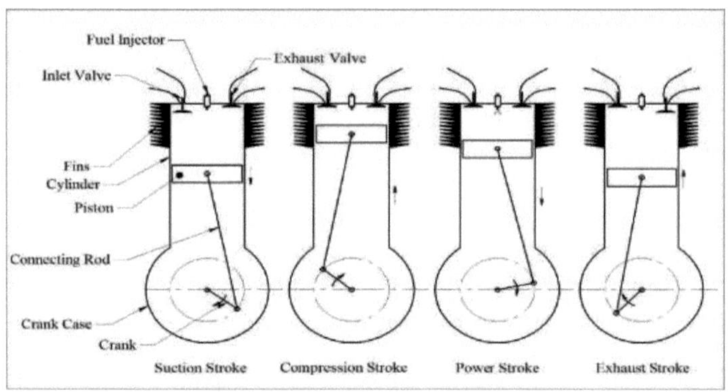


**Fig 3.6 Diferentes cursos do motor diesel 4S**

i) **Curso de aspiração**: O curso de aspiração é completado rodando a cambota de $0^o$ a $180^o$ . Durante o curso de aspiração, a válvula de admissão abre-se e a válvula de escape deve manter-se na posição fechada. Quando o pistão começa a mover-se de TDC para BDC, o volume acima do pistão aumenta, o que resulta numa diminuição da pressão (vácuo). Esta diminuição da pressão retira o ar da atmosfera e enche o cilindro de ar, este processo é contínuo até a pressão no interior do cilindro se tornar igual à da atmosfera. No final do curso de aspiração, o cilindro está completamente cheio de ar. No final do curso de aspiração, a válvula de admissão fecha-se. A linha AB no diagrama PV representa o curso de sucção (volume de ar enchido no cilindro).

ii) **Curso de compressão**: A rotação da cambota de $180^o$ para $360^o$ completa o curso de compressão. Durante o curso de compressão, as válvulas de admissão e de escape estão fechadas. Neste curso, o pistão desloca-se do ponto BDC para o ponto TDC. Quando o pistão começa a deslocar-se de BDC para TDC, o ar é comprimido e a pressão e a temperatura do ar aumentam. No final do curso de compressão, a temperatura do ar atinge a temperatura de ignição do gasóleo. A linha BC representa o curso de compressão. Antes do fim do curso de compressão, o injetor de combustível começa a injetar o gasóleo na câmara de combustão. O calor do ar comprimido queima o gasóleo injetado.

A combustão tem lugar a uma pressão constante. A linha CD representa o aumento da pressão a pressão constante.

iii) **Curso de potência**: A rotação da cambota de $360^{o}$ para $540^{o}$ completa o curso de potência. Durante o curso de potência (curso de expansão), tanto a válvula de admissão como a válvula de escape estão na posição fechada. Os gases de alta pressão produzidos durante a combustão exercem pressão sobre a face superior do pistão, que se move rapidamente na direção descendente e executa o curso de potência. A energia é fornecida ao volante do motor durante o curso de potência. Esta energia impulsiona o veículo

iv) **Curso de escape**: A rotação da cambota de $540^{o}$ para $720^{o}$ completa o curso de escape. No início do curso de escape, a válvula de escape abre-se e o movimento ascendente do pistão empurra os gases de escape para fora do cilindro. No final do curso de escape, a válvula de escape fecha-se. Assim, completa-se um ciclo rodando a cambota de $0^{o}$ a $720^{o}$ , ou seja, duas rotações da cambota.

**Diferença entre um motor a gasolina e um motor a gasóleo**.

**4-** O motor a gasolina funciona segundo o princípio do ciclo Otto e o motor a gasóleo funciona segundo o princípio do ciclo Diesel.

**4-** No motor a gasolina, durante o curso de sucção, a mistura de gasolina e ar é introduzida no cilindro, enquanto que no motor diesel apenas o ar é introduzido no cilindro.

**4-** No motor a gasolina, o carburador prepara a mistura correcta de ar e combustível e é entregue ao cilindro. No caso do motor diesel, o injetor de combustível injecta o gasóleo diretamente no cilindro.

**4-** No motor a gasolina, a mistura ar-combustível é inflamada pela faísca emitida pela vela de ignição. No caso do motor diesel, o calor do ar comprimido queima o gasóleo injetado no cilindro.

**4-** A taxa de compressão do motor a gasolina varia entre 6 e 9, enquanto que no caso do motor a gasóleo a taxa de compressão varia entre 15 e 24.

**4-** O motor a gasolina é mais barato do que um motor a gasóleo.

**4-** O custo de manutenção de um motor a gasóleo é superior ao de um motor a gasolina.

**4-** O motor a gasolina emite mais poluentes do que um motor a gasóleo.

**4-** O motor a gasolina funciona mais suavemente do que um motor a gasóleo.

**4-** O motor a gasolina produz menos vibrações do que um motor a gasóleo.

**4-** O motor a gasóleo faz mais quilómetros do que um motor a gasolina.

**Cálculos simples em motores de combustão interna.**

i) **Pressão efectiva média ($p_m$)**: É definida como a pressão média que actua sobre o pistão durante todo o curso de expansão (curso de potência).

$p_m$ = Pressão efectiva média **N / m²**

ii) **Potência indicada (PI)**: A potência desenvolvida no interior do conjunto pistão-cilindro pela combustão do combustível é conhecida como potência indicada. A pressão que actua sobre o pistão varia ao longo do ciclo de trabalho. Para registar a variação da pressão durante um ciclo de funcionamento, é montado um dispositivo denominado indicador de pistão, através da abertura de um pequeno orifício na tampa do cilindro. É constituído essencialmente por um pequeno êmbolo e um cilindro. O deslocamento do êmbolo é proporcional à pressão que actua sobre ele a partir do interior contra a força da mola do outro lado. O movimento do êmbolo é transmitido a um estilete através de ligações. A caneta traça um gráfico num tambor de registo, que roda a uma velocidade constante. O gráfico assim obtido é designado por diagrama indicador. A área do diagrama indicador é proporcional ao trabalho realizado num ciclo.

Pressão média efectiva ($p_m$):

O trabalho realizado no pistão durante um ciclo de funcionamento é dado por

$W = \int p dV$,

Quando a integração é efectuada para um ciclo, p é a pressão, V é o volume.

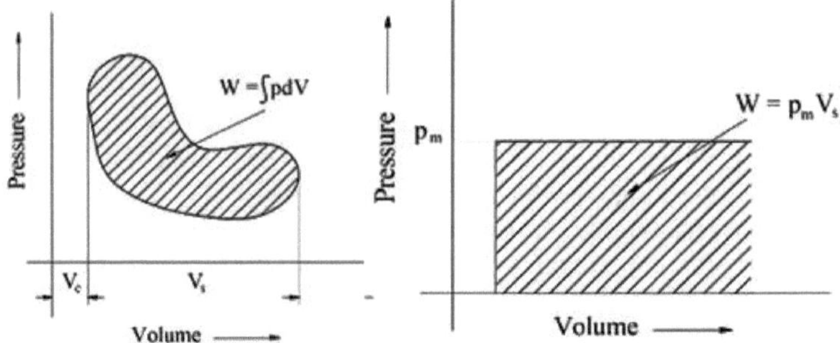


**Fig 3.7 Diagrama de indicadores. Fig 3.8 Pressão média efectiva.**

O lado direito da equação não é mais do que a área dentro do circuito no diagrama pressão-volume.

A pressão efectiva média é definida como a pressão constante equivalente que tem de atuar sobre o pistão durante o curso de expansão, para produzir o mesmo trabalho que a pressão variável, num ciclo.

A partir do diagrama do indicador, a pressão efectiva média pode ser calculada como, $p_m = s.a/l$.

onde,

s = constante de mola da mola utilizada no indicador do pistão,

l = comprimento do diagrama do indicador, a = área do diagrama do indicador.

Note-se que a constante da mola é a pressão necessária para provocar uma deflexão unitária da mola.

**i)** Quando $p_m$ é expresso em **N/ m²**

$$IP = \frac{pmLAn}{60*1000} \text{ kW}$$

**ii)** Quando $p_m$ é expresso em **bar**

$$IP = \frac{100pmLAn}{60} \text{ kW}$$

Em que, $p_m$ = pressão efectiva média,
L = comprimento do curso,
A = área da secção transversal do pistão,
n = número de ciclos por minuto, = N/2 para um motor a quatro tempos,
= N para um motor a dois tempos. N = velocidade da cambota, rpm

**iii) Potência de travagem (BP)**: A potência disponível na cambota é sempre inferior à potência desenvolvida no interior do conjunto pistão-cilindro devido às perdas por fricção nas peças móveis. A potência efetivamente disponível na cambota é designada por potência de travagem. Pode ser medida utilizando *dinamómetros*. Um desses dinamómetros é o de *tambor de travão* dinamómetro.

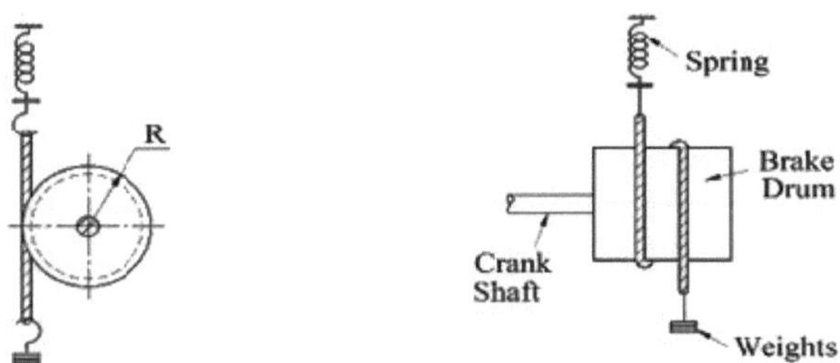


**Fig 3.9 Dinamómetro de tambor de travão.**

É constituído por um tambor, que está montado na cambota. Um cabo é enrolado no tambor.

Uma extremidade do cabo está ligada a uma balança de mola e a outra extremidade a um dispositivo de carga de peso.

O binário no tambor do travão é dado por,

T = (W - S) x R

Onde,
W = peso no cabo, N.
S = leitura da balança de mola, N.
R = raio médio do tambor do travão, m.

A potência de travagem é dada por,

$$BP = \frac{2\pi N T}{60 \times 1000} \text{ kW}$$

**iv) Potência de atrito**: A diferença entre a potência indicada e a potência de travagem é conhecida como potência de atrito

FP = IP - BP **kW**

**v) Eficiência mecânica:** É definida como o rácio entre a potência de travagem e a potência indicada

$$\eta_{mech} = \frac{\text{Brake power}}{\text{Indicated power}}$$

Potência de travagem
Potência indicada

**vi) Eficiência térmica**: Nos motores de combustão interna, a energia é fornecida ao motor através da queima de combustível. Mas nem toda a energia fornecida é convertida em trabalho mecânico útil. Parte da energia fornecida perde-se através dos gases de escape quentes, outra parte devido ao arrefecimento do motor e outra ainda através de perdas de calor por radiação e convecção. A fração da energia fornecida que está disponível como trabalho útil determina a eficiência térmica do motor. A eficiência térmica pode ser calculada quer para a potência indicada, quer para a potência de travagem. Por conseguinte, são referidos como eficiência térmica indicada e eficiência térmica de travagem.

Calor fornecido ao motor por segundo = massa de combustível queimado x poder calorífico.

$$\eta_{\text{indicated thermal}} = \frac{\text{Indicated power}}{m_f \times CV}$$

$$\eta_{\text{brake thermal}} = \frac{\text{Brake power}}{m_f \times CV}$$

Potência indicada
Potência de travagem
Onde,
mf = Massa de combustível utilizada em **kg / s**.
CV = Poder calorífico do combustível **kJ / kg**

**vii) Consumo específico de combustível (SFC):**

É a massa de combustível fornecida por hora para obter uma potência unitária. O SFC pode ser calculado com base na potência indicada ou com base na potência de travagem.

$$SFC = \frac{m_f}{\text{Power}} \text{ kg/kW-hr}$$

## Refrigeração e ar condicionado

### Introdução:

A refrigeração é a arte e a ciência de manter um espaço a uma temperatura inferior à temperatura ambiente. O aparelho utilizado para este fim é o frigorífico. A refrigeração é útil na conservação de géneros alimentícios, medicamentos, indústrias de alta precisão, ar condicionado, etc.

**Fluidos frigorigéneos normalmente utilizados:**

Alguns dos fluidos frigorigéneos mais utilizados são os seguintes

A. Compostos de halocarbonetos:

1. Refrigerante 11 - Tricloromonoflourometano CC13F
2. Refrigerante 12 - DiclorodiflourometanoCCl $F_{22}$
3. Refrigerante 13 - Monoclorotrifluorometano CClF3
4. Refrigerante 14 - CarbontetraflourideCF4
5. Refrigerante 134a - TetraflouroetanoCF3CH2F

B. Compostos orgânicos cíclicos:

1. Refrigerante 1112a - Diclorodoflouroetileno CCl2=CF2
2. Refrigerante 1113 - Monoclorotriflouroetileno CClF=CF2
3. Refrigerante 1114 - TetraflouroetilenoCF2=CF2

Para além destes, o amoníaco é também amplamente utilizado devido às suas excelentes propriedades térmicas.

Os refrigerantes da família dos halocarbonetos são obtidos através da substituição de um ou mais átomos de hidrogénio no metano (CH4) ou no etano (C2H6). Mas a maioria dos hidrocarbonetos halogenados contribui para o efeito de estufa e para a destruição da camada de ozono na estratosfera terrestre. Os hidrocarbonetos totalmente halogenados, geralmente designados por clorofluorocarbonetos (CFC), são os que causam maiores danos devido à sua vida atmosférica prolongada.

Outro grupo de hidrocarbonetos halogenados, designados hidroclorofluorocarbonetos (HCFC), retém um ou mais átomos de hidrogénio. Têm uma vida atmosférica mais curta do que os CFC e, por conseguinte, são mais respeitadores do ambiente.

Outro grupo de hidrocarbonetos halogenados, designados hidroflurocarbonetos (HFC), não contém qualquer átomo de cloro, pelo que não empobrecem a camada de ozono e a maioria tem um efeito de estufa mínimo. O mais importante entre eles é o R-134a.

**Coeficiente de desempenho do frigorífico (COP):**

O coeficiente de desempenho do frigorífico é a relação entre o calor absorvido na câmara de refrigeração e o trabalho realizado pelo compressor.

COP = Calor absorvido/trabalho efectuado.

O COP, como o nome indica, é uma medida do desempenho do ciclo de refrigeração. É semelhante ao termo eficiência associado a qualquer dispositivo de desenvolvimento de trabalho. A eficiência ou COP pode ser definida livremente como a relação entre a saída e a entrada. Num frigorífico, a saída é o efeito desejado, que é o calor absorvido na câmara de refrigeração, e a entrada é o trabalho introduzido no compressor.

**Efeito de refrigeração:**

É a quantidade de calor absorvida na câmara refrigerada por unidade de massa do refrigerante. Um maior efeito de refrigeração significa uma menor massa de refrigerante necessária.

**Capacidade de refrigeração:**

A capacidade de refrigeração é a taxa a que o calor é absorvido da câmara refrigerada. A capacidade de refrigeração é expressa em toneladas de refrigeração.

Uma tonelada de refrigeração é a taxa a que o calor é absorvido para converter uma tonelada (1000 kg) de água a 0° C em gelo a 0° C, num dia.

1 tonelada de refrigeração = calor latente do gelo x 1000 kJ/dia.

= calor latente do gelo x 1000/24 kJ/h.

= calor latente do gelo x 1000/(24x60) = 210 kJ/min.

= calor latente do gelo x 1000/(24x60x60) = 3,5 kJ/s

**Princípio da refrigeração**:

A câmara de refrigeração tem de ser mantida a uma temperatura inferior à temperatura ambiente. Devido à diferença de temperatura, há uma tendência para o calor fluir do ambiente circundante para a câmara de refrigeração, o que resulta num aumento da temperatura da câmara. Para manter a temperatura baixa na câmara, o calor tem de ser removido da câmara para o ambiente circundante a uma taxa igual à taxa a que o calor está a entrar na câmara. Mas o calor não pode fluir espontaneamente de um corpo quente para um corpo frio.

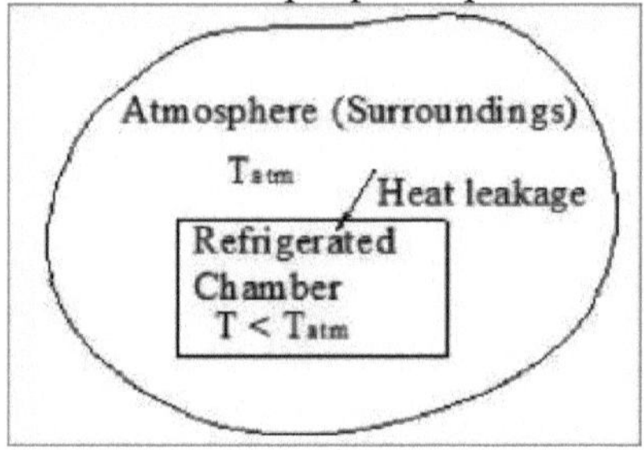


**Fig 3.10 Princípio da refrigeração**

Precisamos de ter um terceiro corpo que actue como meio de transferência de calor entre a câmara e o ambiente circundante. Quando o meio entra em contacto com a câmara, a sua temperatura deve ser inferior à temperatura da câmara, para que possa absorver o calor da câmara. Do mesmo modo, quando o meio entra em contacto com a envolvente, a sua temperatura deve ser superior à temperatura atmosférica, de modo a poder rejeitar o calor para a atmosfera. O meio é normalmente um fluido que é referido como refrigerante. A transferência de calor altera normalmente a fase do refrigerante, ou seja, quando absorve calor, muda a sua fase de líquido para vapor e, quando rejeita calor, muda a sua fase de vapor para líquido. Por outras palavras, o refrigerante absorve ou rejeita calor na região do calor latente.

A temperatura do refrigerante, que sai da câmara frigorífica, é muito inferior à temperatura atmosférica. Para rejeitar o calor para a atmosfera, a temperatura do refrigerante deve ser elevada acima da temperatura ambiente. Isto pode ser conseguido quer comprimindo o refrigerante a uma pressão elevada (ciclo de compressão de vapor), quer dissolvendo o vapor num líquido, aumentando a pressão do líquido e aquecendo-o para libertar vapor a alta pressão e temperatura (ciclo de refrigeração por absorção de vapor).

**Frigorífico de compressão de vapor:**

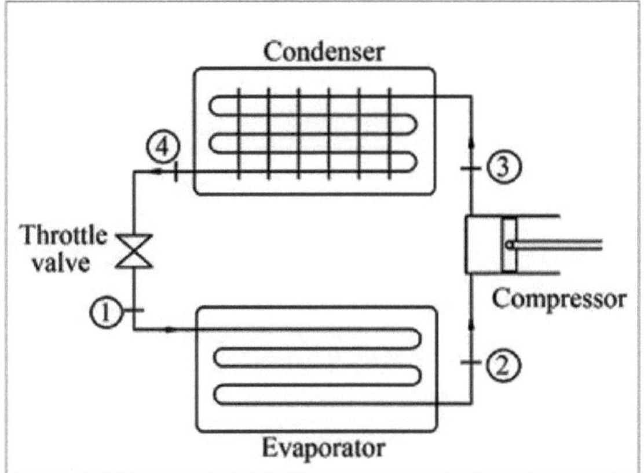


1- Líquido a baixa temperatura e baixa pressão
2- Vapor de baixa temperatura e baixa pressão
3- Vapor de alta temperatura e alta pressão
4- Alta temperatura, alta

**Fig 3.11 Princípio da refrigeração por compressão de vapor**

O frigorífico de compressão de vapor é constituído principalmente por quatro componentes

(i) Evaporador ou câmara frigorífica
(ii) Compressor
(iii)Condensador ou arrefecedor
(iv)Válvula do acelerador ou válvula redutora de pressão.

Um líquido de baixa pressão e baixa temperatura entra na câmara de refrigeração. Absorve calor na câmara e muda a sua fase de líquido para vapor. À saída da câmara frigorífica temos um vapor de baixa pressão e baixa temperatura. Este vapor é levado pelo compressor, que o comprime a uma pressão elevada. Devido à alta compressão, a temperatura do vapor sobe acima da temperatura da atmosfera. O vapor de alta temperatura e alta pressão passa pelo condensador. Perde calor para a atmosfera e muda a sua fase de vapor para líquido. À saída do condensador temos um líquido a alta pressão a uma temperatura moderada. O líquido passa por uma válvula de estrangulamento onde se expande subitamente para uma pressão baixa. Verifica-se uma diminuição súbita da temperatura devido à diminuição da pressão e, à entrada da câmara frigorífica, temos um líquido a baixa pressão e a baixa temperatura. O ciclo completa-se assim.

**Frigorífico de absorção de vapor:**

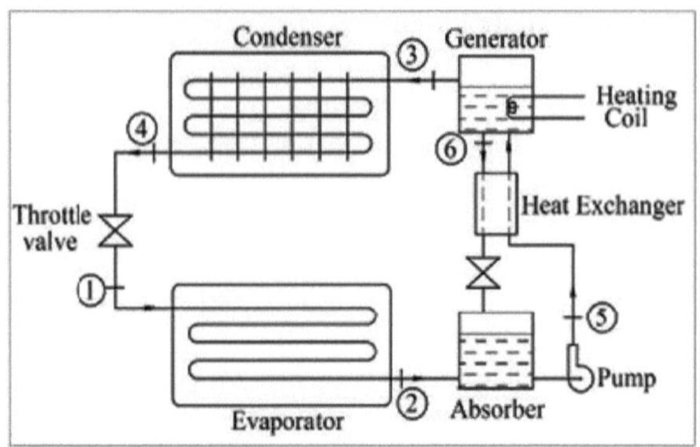


1- Líquido a baixa temperatura e baixa pressão
2- Vapor de baixa temperatura e baixa pressão
3- Vapor de alta temperatura e alta pressão
4- Líquido a alta temperatura e alta pressão
5- Solução forte de amoníaco
6- Solução fraca de amoníaco

**Fig 3.12 Princípio da refrigeração por absorção de vapor**

No sistema de refrigeração por absorção de vapor, escolhemos uma combinação de refrigerante e solvente de forma a que o solvente absorva grandes quantidades de vapor de refrigerante a baixas temperaturas e liberte vapor quando aquecido a uma temperatura mais elevada. O amoníaco e a água são uma combinação deste tipo.

O amoníaco líquido de baixa pressão e baixa temperatura entra na câmara do evaporador. Absorve o calor latente no evaporador e transforma-se em vapor. O vapor de amoníaco, que está a baixa temperatura, é absorvido pela água no absorvedor. Uma bomba pressuriza a solução de amoníaco e fornece-a ao gerador. A solução é aquecida no gerador e a água liberta vapor de amoníaco a alta temperatura e pressão. Este vapor é condensado no condensador por rejeição de calor para a atmosfera. O líquido a alta pressão e alta temperatura é subitamente expandido na válvula de estrangulamento para uma baixa pressão. A queda súbita da pressão resulta numa queda da temperatura do líquido. Em seguida, o amoníaco líquido a baixa pressão e a baixa temperatura entra na câmara do evaporador e o ciclo repete-se.

No permutador de calor, a solução pressurizada de amoníaco forte que passa da bomba para o gerador recupera alguma quantidade de calor da solução de amoníaco fraco, que passa do gerador para o absorvedor. Existe uma válvula redutora de pressão entre o permutador de calor e o absorvedor para reduzir a pressão da solução de amoníaco fraco para a pressão do evaporador.

**Comparação entre frigoríficos de compressão de vapor e de absorção:**

| **Sl. Não** | **Parâmetro.** | **Frigorífico de compressão de vapor.** | **Frigorífico de absorção de vapor.** |
|---|---|---|---|
| 1 | Entrada de energia. | É necessária uma grande quantidade de trabalho mecânico para fazer funcionar o compressor, | A bomba requer muito menos trabalho mecânico, porque está a bombear líquido. No gerador, o aquecimento pode ser efectuado |

| | | | |
|---|---|---|---|
| | | porque envolve a compressão de grandes volumes de vapor. | quer por meio de bobinas quer por qualquer outra forma de aquecimento. |
| 2 | Ruído. | O ruído é mais devido à presença de um grande compressor. | Menos ruidoso devido à presença da bomba. |
| 3 | Capacidade da fábrica. | Não é adequado para grandes capacidades. | Adequado para grandes capacidades. |
| 4 | Manutenção. | A manutenção é mais cara devido ao maior número de peças mecânicas. | A manutenção é menor devido ao menor número de peças móveis. |
| 5 | Contaminação do refrigerante. | Não há contaminação do refrigerante porque é utilizada apenas uma substância. | Por vezes, o vapor de água entra no condensador e noutras peças juntamente com o refrigerante, o que reduz o efeito de refrigeração. |

**Propriedades de um bom refrigerante:**

As propriedades desejáveis de um refrigerante ideal são as seguintes

1. Elevado calor latente de vaporização à pressão do evaporador - o que resultaria numa maior absorção de calor para um determinado caudal mássico de refrigerante.
2. Elevado calor latente de vaporização à pressão do condensador.
3. Baixo volume específico de vapor - A potência de entrada no compressor está diretamente relacionada com o volume de vapor comprimido. Um volume específico baixo significa menos trabalho.
4. Um baixo calor específico no líquido e um elevado calor específico no vapor são desejáveis na medida em que ambos aumentam o efeito de refrigeração.
5. Um elevado coeficiente de condutância - que resulta em melhores taxas de transferência de calor e reduz o tamanho do condensador.
6. Ponto de congelação baixo à pressão do evaporador - o refrigerante não deve libertar-se a baixas temperaturas depois de estrangulado.
7. Não deve corroer os tubos e outras partes da máquina.
8. Não deve ser tóxico.
9. Não deve reagir com o lubrificante utilizado na máquina.

**Ar condicionado**:

O ar condicionado é o processo de controlo e manutenção do teor de humidade e da temperatura do ar de acordo com os limites prescritos. O ar condicionado divide-se em duas categorias: ar condicionado de conforto e ar condicionado industrial. O ar condicionado de conforto consiste no controlo da humidade e da temperatura do ar para proporcionar o máximo conforto aos seres humanos. O ar condicionado industrial é necessário para controlar a humidade e a temperatura nas indústrias de transformação e fabrico.

O ramo da ciência que se ocupa das propriedades da mistura de ar e vapor de água chama-se psicometria. Algumas das terminologias habitualmente utilizadas

em psicometria são explicadas de seguida.
O ar atmosférico é uma mistura principalmente de oxigénio, azoto e outros gases, juntamente com vapor de água. O ar que não contém qualquer vapor de água é designado por ar seco e, se contiver vapor de água, é designado por ar húmido. O ar contém sempre humidade em proporções variadas e não existe ar seco puro na atmosfera.
A relação entre a massa de vapor de água e a massa de ar seco numa determinada quantidade da mistura é designada por humidade absoluta ou humidade específica.
Humidade absoluta = mw / ma.
Onde,
mw = massa de vapor de água na mistura.
ma. = massa de ar seco na mistura.
(mw + ma) = massa total da mistura.
A capacidade do ar para reter água no estado de vapor é função da temperatura e da pressão atmosférica. Quando a quantidade máxima possível de vapor de água está presente no ar, diz-se que o ar está saturado.
A relação entre a quantidade real de humidade presente no ar e a quantidade máxima de vapor de água que o ar pode conter a uma dada temperatura e pressão é designada por humidade relativa.
Suponhamos que o ar já está saturado a uma dada temperatura e pressão. Se a pressão ou a temperatura baixarem subitamente, o ar não consegue reter a água no estado de vapor e a água começa a condensar-se. Este fenómeno é normalmente observado durante o inverno como formação de orvalho.
A temperatura de bolbo seco é a temperatura do ar medida por um termómetro normal. A temperatura de bolbo húmido é medida por um termómetro, que é coberto com uma mecha saturada de água e colocado numa corrente de ar húmido.
**Processos de ar condicionado**: A função do ar condicionado é aumentar ou diminuir a temperatura e a humidade de acordo com as necessidades.
(i) Condicionamento do ar quente e seco: o ar é primeiro arrefecido até à temperatura necessária através do processo de refrigeração. O ar frio é então misturado com a quantidade necessária de vapor de água.
(ii) Condicionamento do ar quente e húmido: o ar é arrefecido abaixo da temperatura do ponto de orvalho e é condensada uma certa quantidade de vapor de água. Em seguida, o ar é aquecido por um aquecedor até à temperatura desejada.
(iii)Condicionamento do ar frio e seco: o ar é aquecido por um aquecedor até à temperatura desejada, sendo depois adicionada ao ar a quantidade necessária de vapor de água.
(iv)Condicionamento do ar frio e húmido: o ar é arrefecido abaixo da temperatura do ponto de orvalho para condensar alguma quantidade de vapor de água. Em seguida, é aquecido até à temperatura pretendida.
**Ar condicionado no quarto**:

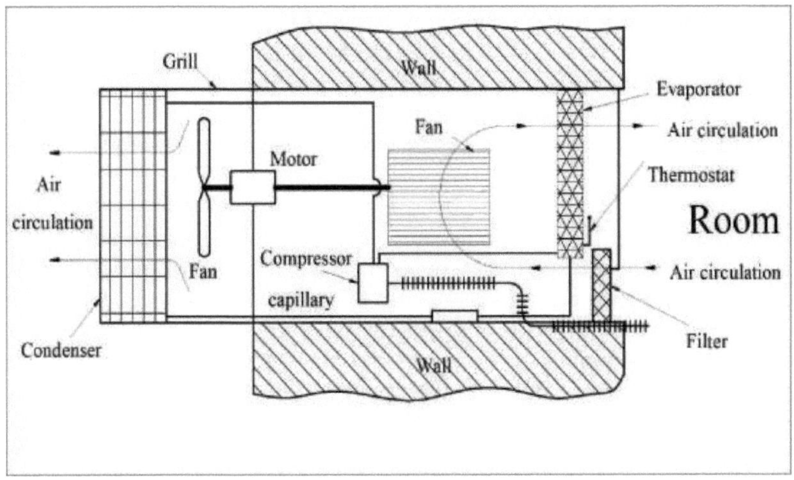


**Fig 3.13 Princípio do ar condicionado**

O aparelho de ar condicionado é composto por uma unidade de refrigeração, um filtro de ar, duas ventoinhas e um termóstato. A unidade é instalada parcialmente na janela, no interior da divisão e no exterior da divisão. Na unidade de refrigeração, a válvula redutora de pressão é substituída por um capilar. São fornecidas duas ventoinhas - uma do lado do evaporador e outra do lado do condensador. Ambos os ventiladores são normalmente accionados por um motor comum.

O ar da divisão é circulado com a ajuda da ventoinha instalada no lado do evaporador. A ventoinha aspira o ar dos lados e sopra-o sobre as bobinas do evaporador e através do filtro. É utilizado um termóstato para desligar o motor quando a temperatura ambiente atinge um valor pré-definido. O refrigerante, após a compressão, passa pelo condensador instalado no exterior da divisão, onde perde calor para o ar circulante aspirado com a ajuda da ventoinha. Este tipo de aparelho de ar condicionado é utilizado para arrefecer apenas um pequeno espaço.

**Aplicações dos aparelhos de ar condicionado Aplicações industriais:**

1 Indústria têxtil.
2 Indústria gráfica.
3 Indústria de fermacêuticos.
4 Sala de ferramentas.
5 Indústria transformadora.

**Aplicações comerciais:**

1. teatros.
2. auditórios.
3. salas de conferência.
4.Restaurantes.

CAPÍTULO-4

## TRANSMISSÃO DE POTÊNCIA MECÂNICA

A potência desenvolvida nos motores principais tem de ser transmitida às máquinas. Os mecanismos intermédios utilizados para transmitir o movimento de uma máquina para outra são designados por accionamentos ou sistemas de transmissão.

Os accionamentos habitualmente utilizados são os accionamentos por correia, por cabo, por corrente, por engrenagem, etc. Quando há um problema com uma engrenagem, tudo pode parar. Por isso, é importante compreender como funcionam as engrenagens para as manter em funcionamento nos equipamentos que lhes estão associados. A engrenagem pode ser definida como uma roda dentada que pode ser engatada noutra roda dentada de forma a transmitir energia que dá a mudança de velocidade e direção do movimento. É muito utilizada em dispositivos mecânicos. Os dentes da engrenagem são geralmente esculpidos em rodas, cilindros ou cones. Muitos aparelhos que utilizamos no nosso quotidiano têm o seu próprio princípio de funcionamento. O dente e a roda da engrenagem são as peças de trabalho de todos os tipos de engrenagens. Os diferentes tipos de engrenagens são utilizados para completar a transferência de energia de diferentes formas e em diferentes direcções.

Uma engrenagem é um componente de um dispositivo de transmissão que transmite a força de rotação a outra engrenagem ou dispositivo. A engrenagem é diferente de uma polia, pois uma engrenagem é uma roda redonda que tem dentes que se engrenam com outros dentes da engrenagem. Permitindo que a força seja totalmente transferida sem deslizamento.

Dependendo da sua construção e disposição, os dispositivos com engrenagens podem transmitir forças a diferentes velocidades, binários ou numa direção diferente, a partir da fonte de alimentação. A situação mais comum é a de uma engrenagem que engrena com outra engrenagem. Para ultrapassar o problema do deslizamento, como nos accionamentos por correia, são utilizadas engrenagens que produzem uma transmissão positiva com velocidade angular uniforme.

**Classificação das engrenagens**

**As engrenagens são classificadas de acordo com a sua aplicação, que é a seguinte**

1. Engrenagens paralelas

4- Engrenagens de dentes retos

5- Engrenagens helicoidais

6- Engrenagens helicoidais duplas ou em espinha.

2. Engrenagens de eixo perpendicular

4- Eixo perpendicular não intersectado

5- Engrenagem de eixo perpendicular de intersecção

3. Engrenagens de intersecção

4- Engrenagem em espiral

5- Engrenagens cónicas

4. Engrenagens não intersectadas e não paralelas.

4- Engrenagens de parafuso sem-fim

4- Engrenagens de cremalheira e pinhão

As engrenagens ou rodas dentadas podem ser classificadas de acordo com os eixos dos dois veios entre os quais o movimento é transmitido. Os **tipos de engrenagens devem ser determinados em** função da aplicação a que se destinam.

**Engrenagens de eixo paralelo**

Neste tipo de engrenagem, o eixo de ambas as engrenagens tende a ser paralelo um ao outro. Os tipos de engrenagens que se enquadram neste sistema são

1. Engrenagens de dentes retos
2. Engrenagens helicoidais
3. Engrenagens helicoidais duplas ou em espinha.

**Aplicação de engrenagens de eixo paralelo**

Algumas das áreas de aplicação típicas das engrenagens de dentes rectos e helicoidais são as caixas de velocidades dos automóveis, as caixas de velocidades industriais, etc. Algumas das áreas de aplicação das engrenagens em espinha de peixe são as caixas de velocidades utilizadas nos laminadores de aço, etc.

**Engrenagens de eixo perpendicular**

Neste **tipo de engrenagem,** os eixos das engrenagens tendem a ser perpendiculares entre si. Existem também dois tipos de engrenagens, que são

1. Eixo perpendicular não intersectado
2. Engrenagem de eixo perpendicular à intersecção

**Eixo perpendicular sem intersecção**

Neste tipo, os dois eixos perpendiculares da engrenagem não se intersectam. Os dois tipos de engrenagens que se enquadram nesta categoria são a engrenagem sem-fim e a engrenagem hipóide. Algumas aplicações típicas das engrenagens sem-fim são os elevadores de passageiros utilizados nos edifícios. Outra aplicação típica da engrenagem hipóide é no eixo traseiro de autocarros, camiões e veículos pesados.

**Engrenagem de eixo perpendicular de intersecção**

Neste tipo, o eixo perpendicular das engrenagens tende a intersectar-se num determinado ponto. Os tipos de engrenagens que se enquadram são as engrenagens cónicas rectas, as engrenagens cónicas em espiral e as engrenagens. Uma aplicação típica das engrenagens cónicas rectas é o mecanismo diferencial do automóvel.

**Tipos de engrenagens**

Seguem-se os tipos importantes de engrenagens:

1. Engrenagem de dentes rectos
2. Engrenagem helicoidal, engrenagem helicoidal dupla
3. Engrenagem cónica
4. Engrenagem cónica em espiral
5. Engrenagem de parafuso
6. Engrenagem de esquadria
7. Engrenagem sem-fim

9. Engrenagem de cremalheira e pinhão
10. Engrenagem em espinha de peixe
11. Engrenagem hipóide

**Engrenagem de dentes rectos**

**Fig 4.1 Engrenagem de dentes rectos**

A engrenagem de dentes **rectos** é o tipo de engrenagem mais comum e mais simples. É geralmente utilizada para a transmissão de movimentos rotativos entre veios paralelos. A engrenagem de dentes rectos é a melhor opção de engrenagem, exceto quando a velocidade, as cargas e as relações de transmissão apontam para outras opções.

Têm dentes rectos e estão montados em veios paralelos. A sua forma geral é um cilindro ou um disco. Os dentes projectam-se radialmente, e com estas "engrenagens de corte reto". Quando duas engrenagens de dentes rectos de tamanhos diferentes se engrenam, a engrenagem maior é designada por roda e a engrenagem mais pequena por pinhão.

Numa engrenagem simples de duas rodas dentadas, o movimento de entrada e a força são aplicados à engrenagem motriz. A engrenagem motora roda a engrenagem movida sem escorregar.

**Engrenagem helicoidal**

**Fig 4.2 Engrenagem helicoidal**

As engrenagens helicoidais oferecem um refinamento em relação às engrenagens de dentes rectos. Os dentes de uma engrenagem helicoidal não são paralelos ao eixo de rotação, mas são colocados num ângulo de hélice. As engrenagens helicoidais podem ser engrenadas numa orientação paralela ou cruzada. Nas engrenagens helicoidais paralelas, cada par de dentes entra primeiro em contacto com um ponto de um dos lados da roda dentada. Uma curva móvel de contacto aumenta gradualmente contra a face dos dentes até um máximo e depois recua até os dentes entrarem em contacto num ponto do lado oposto.

Devido aos dentes angulares das engrenagens helicoidais, estas reduzem o ruído e a tensão nas engrenagens, pelo que a maioria das engrenagens do seu automóvel são helicoidais. A utilização de engrenagens helicoidais é indicada quando a aplicação envolve altas velocidades, grande transmissão de potência, ou quando não é importante o ruído.

**Fig 4.3 Engrenagem helicoidal dupla**

## 3 Engrenagem helicoidal dupla

Uma engrenagem helicoidal dupla é um tipo de engrenagem helicoidal que tem dentes à direita e à esquerda numa única engrenagem. Consiste em duas faces de engrenagens helicoidais colocadas uma ao lado da outra e separando-as uma da outra. Este tipo de engrenagem é muito semelhante à engrenagem em espinha na sua aparência. As engrenagens helicoidais duplas eliminam a carga de impulso e permitem uma sobreposição de dentes mais significativa e um funcionamento suave. Além disso, proporciona uma área de cisalhamento adicional nas engrenagens, necessária para uma maior transmissão de binário elevado. Tal como as engrenagens helicoidais, estas engrenagens são normalmente utilizadas em accionamentos de engrenagens fechadas.

## Engrenagem cónica

**Fig 4.4 Engrenagem cónica**

As engrenagens cónicas têm dentes cortados num cone em vez de numa peça cilíndrica. São utilizadas em pares para transmitir movimento rotativo e binário quando os eixos das engrenagens cónicas formam ângulos rectos (90 graus) entre si. Quando duas engrenagens cónicas têm os seus eixos em ângulos rectos e são de tamanhos iguais, são designadas por engrenagens de mitra. As engrenagens cónicas transmitem potência entre dois veios que se intersectam em qualquer ângulo ou entre veios que não se intersectam. Classificam-se em engrenagens cónicas de dentes rectos e espirais e em engrenagens hipóides. São engrenagens cortadas a partir de peças cónicas e ligam eixos que se intersectam. O eixo de ligação está geralmente a 90° e, por vezes, um eixo acciona uma engrenagem cónica que é montada através do eixo, resultando em dois eixos de saída. O ponto de intersecção do eixo é designado por vértice e os dentes das duas engrenagens convergem no vértice.

**Engrenagem sem-fim**

O conjunto de engrenagens apresentado na imagem é designado por parafuso sem-fim e roda de sem-fim. Os dois elementos são designados por parafuso sem-fim e roda sem-fim. Uma engrenagem que tem um dente chama-se roda de sem-fim. O dente com a forma de uma rosca de parafuso chama-se parafuso sem-fim. A roda de sem-fim é uma engrenagem helicoidal com dentes inclinados de forma a poderem encaixar no parafuso sem-fim em forma de rosca. Esta roda transmite o binário e o movimento rotativo através de um ângulo reto. O parafuso sem-fim pode facilmente rodar a engrenagem, mas a engrenagem não pode rodar o parafuso sem-fim. Isto deve-se ao facto de o ângulo do parafuso sem-fim ser tão raso que a engrenagem tenta rodá-lo. Os mecanismos de parafuso sem-fim têm um funcionamento muito silencioso.

É utilizada para transmitir potência entre o eixo de acionamento com os seus eixos em ângulos rectos e não coplanares, como mostra a figura. As engrenagens sem-fim são utilizadas em máquinas-ferramentas quando são necessárias grandes reduções. É comum que as engrenagens sem-fim tenham reduções de 20:1, e mesmo até 300:1 ou mais. Esta caraterística é útil para máquinas como sistemas de transporte, em que a caraterística de bloqueio pode atuar como um travão para o transportador quando o motor não está a rodar

**Fig 4.5 Engrenagem sem-fim**

**Engrenagem de cremalheira e pinhão**

**Fig 4.6 Engrenagem de cremalheira e pinhão**

Uma cremalheira e um pinhão são um par de engrenagens que convertem o movimento de rotação em movimento linear e vice-versa. Uma engrenagem circular designada por "pinhão" encaixa nos dentes de uma barra de "engrenagem" linear designada por "cremalheira". O movimento de rotação aplicado ao pinhão faz com que a cremalheira se desloque para o lado, até ao limite do seu curso. O diâmetro da engrenagem determina a velocidade a que a cremalheira se desloca quando o pinhão roda. A cremalheira e o pinhão encontram-se normalmente no mecanismo de direção dos automóveis ou de outros veículos com rodas e direção. Num caminho de ferro de cremalheira, a rotação de um pinhão montado numa locomotiva ou num vagão engata numa cremalheira entre os carris e puxa o comboio ao longo de um declive acentuado, máquinas-ferramentas como o torno mecânico, a máquina de furar e a máquina de planear.

**Tipos de trens de engrenagens**

Um trem de engrenagens é um sistema mecânico formado pela montagem de engrenagens numa estrutura. Como já foi referido, quando duas ou mais engrenagens se engrenam entre si para transmitir potência de um veio para outro, esta disposição é designada por conjunto de engrenagens ou comboio de engrenagens. Por vezes, duas ou mais engrenagens são engrenadas entre si para transmitir potência de um eixo para outro, sendo esta combinação designada por "trem de engrenagens da roda". Além disso, cada engrenagem está geralmente ligada a um eixo. Muitas vezes, as engrenagens que estão engrenadas entre si são de tamanhos diferentes; neste caso, a engrenagem mais pequena é designada por pinhão e a maior é simplesmente designada por engrenagem.

**Seguem-se os diferentes tipos de comboios de engrenagens:**

1. Trem de engrenagens simples
2. Combinações de engrenagens compostas
3. Combinações de engrenagens invertidas
4. Comboios de engrenagens epicicloidais

**1 Engrenagens simples**

Nestes tipos de engrenagens, a distância entre as duas rodas é grande e o movimento de uma roda para outra é transmitido através de uma ou mais rodas intermédias, como mostra a figura. Quando o número de rodas intermédias é ímpar, o movimento do condutor e do seguidor é semelhante ao indicado na figura. Se o número de rodas intermédias for par, o movimento do seguidor será no sentido oposto ao do condutor, como mostra a figura.

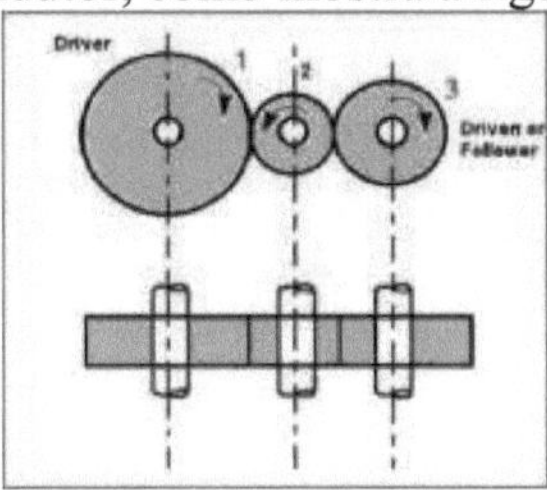


**Fig 4.7 Trem de engrenagens simples**

**Trem de engrenagens composto**

Num trem de engrenagens composto, cada eixo intermédio tem duas rodas fixas. Estas rodas têm a mesma velocidade. Uma roda engrena com o secador e a outra roda engrena com o seguidor ligado ao eixo seguinte.

**Fig 4.8 Trem de engrenagens composto**

## Engrenagens invertidas

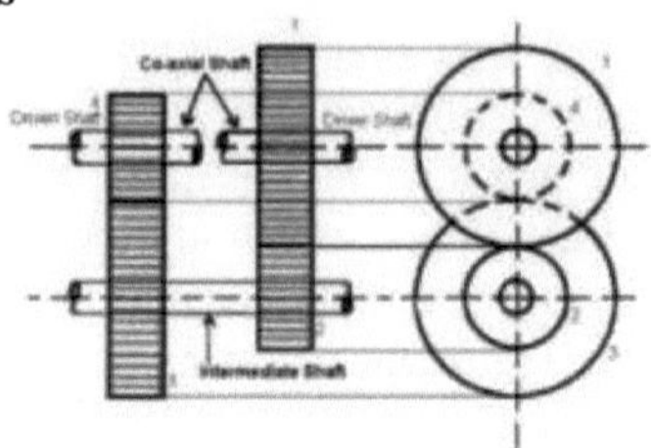


**Fig 4.9 Trem de engrenagens invertido**

Quando os eixos da primeira e da última roda são coaxiais, o comboio é conhecido como "comboio de engrenagens invertidas", como mostra a figura. Uma vez que o movimento da primeira e da última roda é idêntico, é criada uma roda composta. Uma vez que a distância entre os centros do eixo 1 e 2, bem como 3 e 4 é a mesma.

## Comboios de engrenagens epicicloidais

Num trem de engrenagens epicíclicas, os eixos do eixo, sobre os quais as engrenagens estão montadas, movem-se em relação a um eixo fixo. A figura mostra um trem de engrenagens epicicloidal ou planetário simples.

Neste caso, a roda A e o braço C têm um eixo comum em O1, em torno do qual podem rodar. A roda B engrena com a roda A e tem o seu eixo no braço em O2, em torno do qual a roda B pode rodar. Se a roda A estiver fixa e o braço for rodado, o comboio torna-se um "comboio epicicloidal".

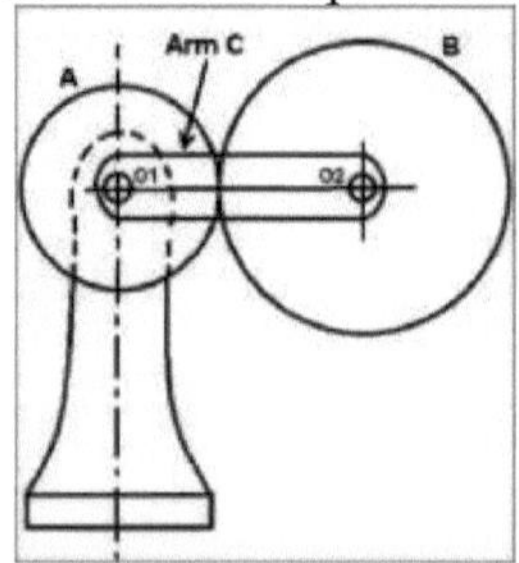


**Fig 4.10 Trem de engrenagens epicicloidais**

**Accionamentos por correia:**

As transmissões por correia são utilizadas para a transmissão de energia quando a distância entre os veios é grande e quando a velocidade exacta do veio acionado não é um critério principal. As transmissões por correia consistem em dois discos chamados polias, que são montados nos dois veios. Estão ligados por uma correia sem fim. O movimento é transmitido devido à força de fricção entre as polias e a superfície da correia.

**Types of belt drives:**

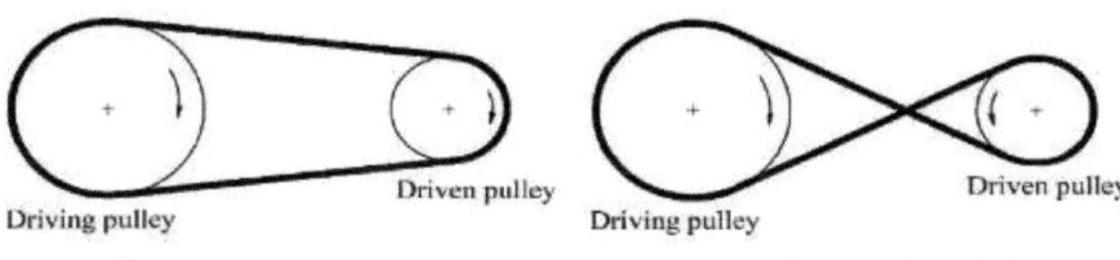


**Fig 4.11 (a) Open belt drive (b) Cross belt drive**

Existem dois tipos de acionamento por correia - acionamento por correia aberta e acionamento por correia cruzada. Na transmissão por correia aberta, a polia motriz e a polia movida rodam na mesma direção, enquanto que na transmissão por correia cruzada rodam em direcções opostas.

**Terminologias utilizadas nas transmissões por correia:**

Para transmitir potência numa transmissão por correia, a correia deve estar a puxar a polia accionada de um lado. Este lado é conhecido como o lado apertado, e o outro lado, onde a tensão é comparativamente menor, é chamado de lado frouxo. Há um aumento gradual da tensão na correia do lado frouxo para o lado apertado.

O ângulo de rotação da correia é o ângulo subtendido no centro da polia pela correia, que se sobrepõe na superfície da polia. Nos accionamentos por correia aberta, o ângulo de volta na polia mais pequena é menor do que o ângulo de volta na polia maior. A potência transmitida deve-se principalmente à força de atrito, e o ângulo de rotação determina a extensão da força de atrito que pode existir entre as superfícies da polia e da correia. Das duas polias, a polia mais pequena é menos capaz de transmitir/receber potência devido a um menor ângulo de rotação na sua superfície. Por conseguinte, é o ângulo de rotação na polia mais pequena que é o fator determinante na transmissão de potência.

Nos accionamentos por correia cruzada, o ângulo de rotação é o mesmo em ambas as polias.

A relação de velocidade é a relação entre as velocidades da polia motriz e da polia movida.

O deslizamento é o termo utilizado para descrever o movimento de deslizamento entre as superfícies da correia e da polia. O deslizamento pode ocorrer tanto na polia motriz como na polia movida ou em ambas. O efeito do deslizamento é reduzir a relação de velocidade e, consequentemente, a perda de potência na transmissão. Relação de **velocidade**:

Quando não há deslizamento, a velocidade periférica das duas polias deve ser a mesma, que, por sua vez, é igual à velocidade linear da correia.

Na polia motriz, $V = \omega_1 r_1$.

Na polia accionada, $V = \omega_2 r_2$.

Por conseguinte, $V = \omega_1 r_1 = \omega_2 r_2$.

O rácio de velocidade,

$$\frac{w2}{w1} = \frac{r1}{r2} = \frac{d1}{d2}$$

*A relação de velocidade é inversamente proporcional à relação dos diâmetros.*

Considerando a espessura da correia "t",

Diâmetro efetivo da polia motriz = $d_i$ + t.

Diâmetro efetivo da polia movida = d2 + t.

$$\frac{w2}{w1} = \frac{d1+t}{d2+t}$$

Rácio de velocidade considerando o deslizamento:

O deslizamento é expresso em percentagem da velocidade ideal.

(Velocidade ideal - velocidade real)

Deslizamento, $s = \frac{\text{(Ideal spped−actual speed}}{\text{Ideal speed}} X\ 100$

Seja $s_i$ = percentagem de escorregamento da polia motriz,

s2 = percentagem de escorregamento da polia accionada.

**Arrepio:**

Qualquer material, quando sujeito a tensão, alonga-se, e o mesmo acontece com o material da correia. Este alongamento é diretamente proporcional à tensão na correia. As tensões nos dois lados da correia que passa sobre a polia são diferentes, no lado apertado a tensão é maior e no lado frouxo, a tensão é menor. Na polia accionada, a tensão na correia que entra na polia é menor do que a tensão na correia que sai da polia. A correia que entra na polia é menos esticada do que a correia que sai da polia. Assim, verifica-se um aumento gradual do comprimento da correia sobre a superfície da polia. Este alongamento resulta num movimento relativo entre as superfícies da correia e da polia. Este fenómeno é designado por fluência. Também se verifica um efeito semelhante na polia motriz. A fluência resulta na perda de potência e na diminuição da relação de velocidade.

**Polia de roda livre:**

A potência transmitida numa transmissão por correia é diretamente proporcional ao ângulo de rotação da polia mais pequena. Numa transmissão por correia aberta, se uma das polias for muito pequena e a distância entre os centros das duas polias for pequena, então o ângulo de rotação da polia mais pequena é muito menor. Isto limita a transmissão de potência entre os dois veios. Para aumentar o ângulo de volta e, consequentemente, a potência que pode ser transmitida, é introduzida outra polia no lado frouxo da correia, como mostra a figura. Esta polia não consome qualquer potência e apenas ajuda a aumentar o ângulo de rotação. Esta polia é designada por polia de roda livre ou polia Jackey.

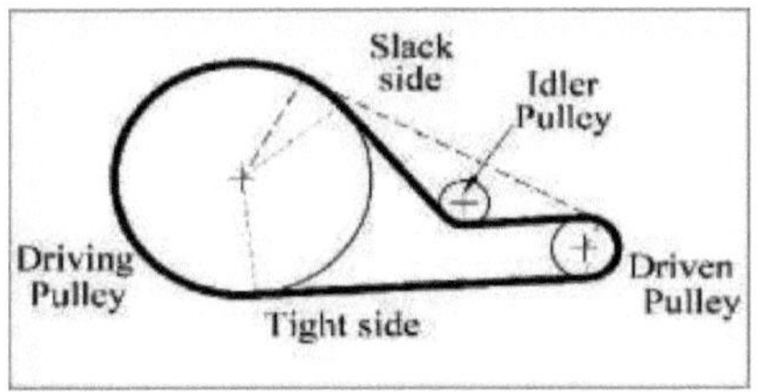


## Polia cónica escalonada:

As máquinas e as máquinas-ferramentas em condições de trabalho necessitam de alterar frequentemente as suas velocidades. Mas os motores que as accionam funcionam normalmente a uma velocidade constante. Para acionar a máquina a diferentes velocidades para a mesma velocidade do motor, é utilizada uma combinação de diferentes tamanhos de polias. As polias utilizadas para este fim são chamadas polias cónicas escalonadas ou cones de velocidade. As polias cónicas são montadas nos veios de acionamento e de transmissão ligados por uma correia sem fim. A correia desloca-se entre diferentes pares de polias para obter velocidades variáveis para a polia accionada. Os diâmetros dos pares de polias são cuidadosamente escolhidos de modo a que todos os pares funcionem com uma única correia de comprimento fixo.

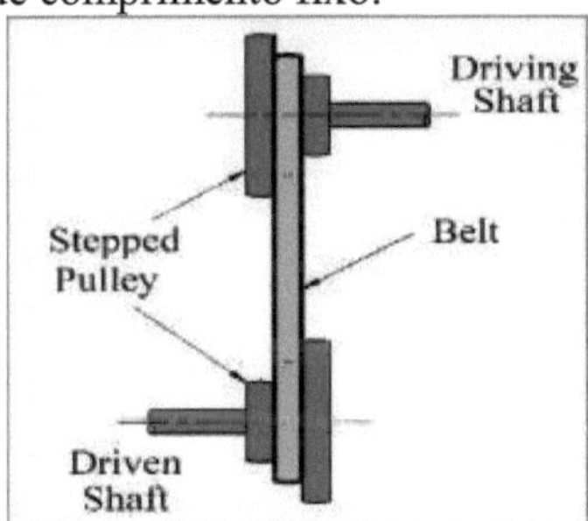


**Fig 4.13 Polia cónica escalonada**

## Polias rápidas e soltas:

O arranjo de polias rápidas e soltas é útil para arrancar e parar uma máquina sem parar o motor de acionamento. Duas polias são montadas no mesmo eixo. A polia solta pode rodar livremente no eixo acionado e a polia rápida está ligada ao eixo. Quando a correia está na polia rápida, a potência é transmitida ao veio acionado, mas quando a correia é deslocada para a polia solta, a polia solta roda livremente no veio sem transmitir potência.

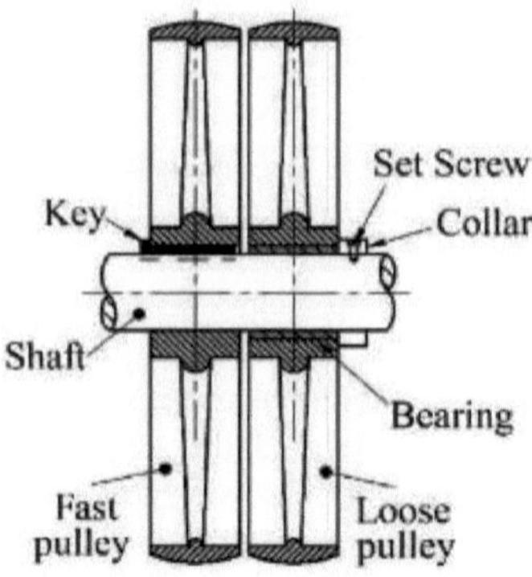


**Fig 4.14 Polia rápida e solta**

CAPÍTULO-5

# PROCESSOS DE UNIÃO: SOLDADURA, BRASAGEM E SOLDADURA

## 5.1 Introdução

Alguns produtos não podem ser fabricados numa única peça. A forma e o tamanho desejados desses produtos podem ser obtidos através da junção de duas peças do mesmo material ou de materiais diferentes. Estas peças são fabricadas individualmente e são unidas para obter o produto desejado. Por exemplo, as carroçarias de aviões e de navios, as estruturas de máquinas soldadas, os móveis, os computadores, as pontes e as torres de transmissão ou de eletricidade, etc., são fabricados através da junção de várias peças diferentes.

Com base no tipo de junta produzida, os processos de união podem ser classificados como

- Articulação temporária.
- Articulação permanente.

Se um produto for utilizado durante muito tempo e houver desgaste, as peças têm de ser desmontadas para manutenção, reparação ou substituição. Uma junta temporária pode ser facilmente desmontada, separando as peças originais sem as danificar. No caso de uma junta permanente, uma tentativa de separar as peças já unidas resultará na danificação das mesmas. Numa junta permanente, a junta é fabricada de modo a ter propriedades semelhantes às do metal de base das duas partes. As partes unidas tornam-se numa só peça. Estas peças não podem ser separadas na sua forma, tamanho e acabamento superficial originais. Os fixadores mecânicos são os mais utilizados para juntas temporárias. As uniões obtidas por parafusos e pernos são temporárias por natureza e podem ser facilmente desmontadas sempre que necessário. Os rebites são dispositivos de fixação semi permanentes e a junta só pode ser separada destruindo o rebite sem afetar os elementos de base. A ligação adesiva tem geralmente menos resistência do que os fixadores mecânicos. No entanto, a ligação adesiva é utilizada para unir peças com formas estranhas ou chapas finas que podem não se prestar à fixação mecânica. Considera-se que a brasagem e a soldadura formam juntas permanentes, mas para reparação ou substituição estas juntas podem ser desmontadas por aquecimento. A soldadura é um dos métodos de fabrico mais amplamente utilizados. A resistência da junta obtida por soldadura é igual ou, por vezes, superior à do metal de base. A soldadura não é apenas utilizada para fabricar estruturas, mas também para trabalhos de reparação, como a união de peças fundidas partidas. A escolha de um determinado processo de união depende de vários factores, como a aplicação, a natureza das cargas ou tensões, a conceção da junta, os materiais envolvidos e a dimensão e forma dos componentes.

Com base no processo utilizado para efetuar a junção, os processos de junção podem ser classificados em

1. Soldadura.
2. Brasagem.
3. Soldadura.
4. Fixadores mecânicos como parafusos, porcas, rebites, parafusos, etc.

5. Colagem de adesivos.

# 1. SOLDAGEM

A soldadura é um método de união de metais semelhantes ou dissemelhantes através da aplicação de calor e da utilização de um metal de enchimento ou de uma liga denominada solda, cuja temperatura de liquidação é inferior a $450^0$ C. O metal de enchimento fundido flui entre duas superfícies adjacentes estreitamente colocadas por ação capilar.

Embora a soldadura permita obter uma boa junta entre as duas placas, a resistência da junta é limitada pela resistência do metal de adição utilizado. A soldadura é utilizada para obter uma junta à prova de fugas ou uma junta eléctrica de baixa resistência. As juntas soldadas não são adequadas para aplicações a altas temperaturas devido às baixas temperaturas de fusão dos metais de adição utilizados.

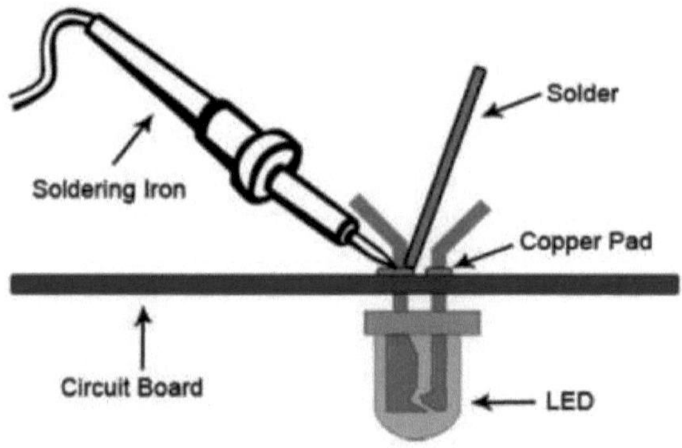


**Fig 5.1 Representação esquemática do processo de soldadura**

O objetivo da utilização do fluxo é evitar a formação de óxidos na superfície do metal quando este é aquecido. Os fluxos estão disponíveis sob a forma de pó, pasta, líquido ou sob a forma de núcleo no metal de solda. É necessário que o fluxo permaneça na forma líquida à temperatura de soldadura e que seja reativo para poder ser utilizado corretamente. Os metais de adição utilizados são essencialmente ligas de chumbo e estanho. A composição da solda utilizada para diferentes fins é a indicada no quadro 5.1.

**Quadro 5.1 Composição do chumbo e do estanho**

| Tipo de solda | Chumbo % | Estanho % |
|---|---|---|
| **Solda macia** | - chumbo 37% | estanho 63% |
| **Solda média** | - chumbo 50% | estanho 50% |
| **Solda de canalizador** | - chumbo 70% | estanho 30% |
| **Solda de eletricista** | - chumbo 58% | estanho 42% |

A soldadura é classificada em soldadura suave e soldadura dura.

A soldadura suave é muito utilizada em trabalhos de chapa metálica para unir peças que não estão expostas à ação de temperaturas elevadas e não estão sujeitas a cargas e forças excessivas ou a vibrações. A soldadura suave é também utilizada para unir fios e peças pequenas. A solda é composta maioritariamente por chumbo e estanho. Na soldadura suave, os fluxos de soldadura mais utilizados são o cloreto de zinco e o cloreto de amónio, que têm uma ação rápida e produzem juntas eficientes. Mas, devido à sua natureza corrosiva, a junta deve ser cuidadosamente limpa de todos os resíduos de fluxo da junta. Estes fluxos devem ser utilizados apenas para trabalhos de soldadura não eléctrica. Os fluxos à base de colofónia e colofónia mais álcool são os menos activos e são geralmente utilizados para trabalhos de soldadura eléctrica.

A soldadura dura utiliza solda que funde a temperaturas mais elevadas ($350^0$ C a $900^0$ C) é mais forte do que a utilizada na soldadura suave. A solda dura é uma liga de cobre e zinco à qual é por vezes adicionada prata. A prata alemã, utilizada como solda dura para aço, é uma liga de cobre, zinco e níquel.

**Sequência de operações:**

As operações seguintes devem ser efectuadas sequencialmente para a realização de juntas soldadas.

1. Moldagem e encaixe de peças metálicas: As duas partes a unir são moldadas de forma a encaixarem-se estreitamente, de modo a que o espaço entre elas seja extremamente pequeno e preenchido completamente com solda por ação capilar. Se houver um grande espaço, não haverá ação capilar e a junta não será forte.
2. Limpeza das superfícies: Para obter uma junta sólida, as superfícies a soldar são limpas para remover a sujidade, a gordura ou qualquer outro material estranho.
3. Aplicação do fluxo: O fluxo é aplicado quando as peças estão prontas para serem unidas.
4. Aplicação do calor e da solda: As peças são mantidas num torno ou com dispositivos especiais de fixação do trabalho, de modo a que as peças não se movam durante a soldadura.

**Vantagens da soldadura**

4- A soldadura é efectuada a temperaturas mais baixas em comparação com os métodos de soldadura comuns.

4- A maioria dos metais e não metais pode ser soldada.

4- Um processo simples facilita a aprendizagem.

4- O metal de base não é derretido durante o processo, ao contrário das técnicas de soldadura como a soldadura por vareta e a soldadura com fio fluxado.

4- A soldadura suave pode ser desfeita com uma ferramenta de dessoldadura sem danificar a base
materiais.

**Desvantagens da soldadura**

**4-** Juntas mais fracas em comparação com outros métodos de soldadura, tais como MIG e TIG.

**4-** A soldadura não é adequada a altas temperaturas, uma vez que a solda tem um ponto de fusão baixo.
**4-** Os metais pesados não são adequados para a soldadura.
**4-** A solda derretida pode deixar um resíduo de fluxo tóxico.
**4-** Um aquecimento incorreto pode provocar deformações ou vazios na solda.

**Aplicações**

**4- Indústria eletrónica:** A aplicação mais popular deste processo de fusão é a soldadura de componentes electrónicos, em que os fios são unidos e os componentes electrónicos são fundidos a uma placa de circuitos. Esta técnica permite soldar componentes em conjunto com o luxo de dessoldar quando necessário.

**5- Telhados:** A soldadura pode ser utilizada na criação de telhados à prova de fugas, em que o aço galvanizado é infundido com solda. A ponta do ferro de soldar é muito mais larga quando utilizada nesta aplicação em comparação com outras utilizações.

**6- Secções:** A soldadura é aplicada na indústria de tubagens e canalizações como forma de criar secções de junção. É um processo simples e uma solução fiável para selar as ligações em tubos de cobre, por exemplo.

**7- Arte:** A soldadura pode ser utilizada para criar vitrais, modelação em arame, esculturas, joalharia e outros trabalhos criativos.

**8- Trabalhos em metal:** O material de soldadura pode ser utilizado para preencher cavidades e nivelar superfícies rugosas. Este processo é praticado para fundir chapas metálicas, tubos e outras aplicações em que os metais não são submetidos a temperaturas elevadas.

**9- Automatização:** A tecnologia permite-nos automatizar o processo de soldadura através da utilização de robots programados. Não só cria juntas precisas, como também é rápido na velocidade de produção.

## 2. BRAZING

A brasagem é um processo de fabrico de juntas em que a coalescência é produzida por aquecimento a temperaturas adequadas superiores a $500^0$ C e pela utilização de um metal de adição não ferroso com um ponto de fusão (até $900^0$ C) inferior ao do metal de base, sendo o metal de adição distribuído entre as superfícies da junta estreitamente ajustadas por ação capilar. A brasagem proporciona uma junta muito mais resistente do que a soldadura.

A principal diferença é a utilização de um material de enchimento mais duro, conhecido comercialmente como spelter. Os metais de adição utilizados neste processo podem ser divididos em ligas à base de cobre e ligas à base de prata. O spelter é geralmente uma liga de cobre, zinco e estanho. Podem ser unidos metais semelhantes e diferentes. O fluxo, juntamente com o spelter (metal de adição), é aplicado para remover os óxidos das superfícies. O bórax é o fundente mais utilizado. Dissolve os óxidos da maioria dos metais comuns. Outros fluxos utilizados são misturas de bórax, ácido bórico, fluoretos e cloretos.

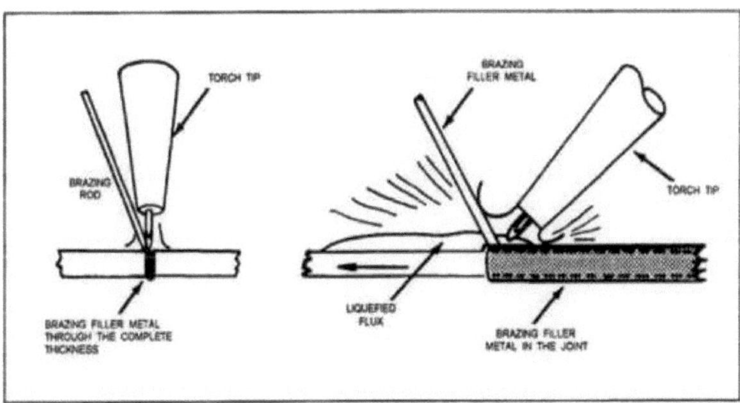


**Fig 5.2 Processo de brasagem**

**Métodos de brasagem**

**4- Brasagem com maçarico:** Neste método, o calor necessário para fundir e fazer fluir o metal de enchimento é fornecido por uma chama de gás combustível. O gás combustível pode ser acetileno, hidrogénio ou propano e é combinado com oxigénio ou ar para formar uma chama. Este processo é facilmente automatizado e requer um baixo investimento de capital. A brasagem com maçarico requer a utilização de um fluxo, pelo que é frequentemente necessária uma limpeza pós-brasagem.

**5- Brasagem por indução:** O aquecimento por indução de alta frequência para brasagem é limpo e rápido, permitindo um controlo rigoroso da temperatura e da localização do calor. O calor é criado por uma corrente alternada rápida que é induzida na peça de trabalho por uma bobina adjacente.

**6- Brasagem por resistência:** Este é um processo em que o calor é gerado a partir da resistência a uma corrente eléctrica (como na brasagem por indução) que flui num circuito que inclui as peças de trabalho. O processo é mais aplicável a juntas relativamente simples em metais com elevada condutividade eléctrica.

**7- Brasagem em forno:** A brasagem em forno oferece duas vantagens principais: a brasagem em atmosfera protetora (em que os gases de elevada pureza ou o vácuo eliminam a necessidade de fluxo) e a capacidade de controlar com precisão todas as fases dos ciclos de aquecimento e arrefecimento. O aquecimento é efectuado através de elementos ou por queima de gás.

**8- Brasagem por imersão:** Isto envolve a imersão de todo o conjunto num banho de liga de brasagem fundida ou de fluxo fundido. Em ambos os casos, a temperatura do banho é inferior ao ponto de solidificação do metal de base, mas superior ao ponto de fusão do metal de adição.

**Vantagens:**

*J* Metais dissimilares, como o aço inoxidável e o ferro fundido, podem ser unidos por brasagem. Quase todos os metais podem ser unidos por brasagem, exceto o alumínio e o magnésio, que não podem ser facilmente unidos por

brasagem.
J Devido às temperaturas mais baixas utilizadas, há menos problemas devido ao calor. J A junta pode ser rapidamente terminada sem grande perícia.
J Devido à simplicidade do processo, é frequentemente um método de união económico com uma resistência razoável da junta.
J As juntas soldadas são razoavelmente mais fortes, dependendo da resistência do metal de adição utilizado.

**Desvantagens:**

J Material de fluxo necessário para evitar a corrosão.
J A secção grande não pode ser unida.
J Os fluxos e os materiais de enchimento podem ser tóxicos.

**Aplicações da brasagem:**

A brasagem tem sido utilizada para fabricar uma grande variedade de produtos, tais como painéis sanduíche em favo de mel para mísseis de aeronaves, quadros de motociclos, hélices de aviões, acessórios hidráulicos, evaporadores de frigoríficos, fabrico de ferramentas de corte, etc,
A utilização da brasagem pressão-vácuo tem tido uma aceitação generalizada na aplicação geral de juntas de brasagem na engenharia nuclear e aeroespacial.

**Diferenças entre Soldadura, Brasagem e Soldadura.**

| Sl.No. | Soldadura | Soldadura | Brasagem |
|---|---|---|---|
| 1 | Estas são as juntas mais fortes que podem suportar a carga. A resistência da junta soldada pode exceder a resistência do metal de base. | Estas são as articulações mais fracas das três. Não suportam o peso. Geralmente, utilizam-se para fazer contactos eléctricos. | São mais fortes do que a soldadura, mas também mais fracas do que a soldadura. Pode ser utilizado para suportar alguma carga. |
| 2 | A temperatura da zona de soldadura desejada é de até **3800°C**. | Temperatura necessária até **450°C**. | Pode ir até **600°C** na brasagem. |
| 3 | A peça de trabalho tem de ser aquecida até ao seu ponto de fusão para se unir. | As peças de trabalho não precisam de ser aquecidas. | A peça de trabalho é aquecida mas abaixo do ponto de fusão. |
| 4 | As propriedades mecânicas do metal de base podem variar no espaço da junta devido ao aquecimento e arrefecimento. | Não há alteração das propriedades mecânicas após a união. | Tema mecânico as propriedades da junta podem alterar-se, mas é quase insignificante. |
| 5 | Envolvendo o calor consumo, são necessárias competências de alto nível. | Os custos envolvidos e as competências exigidas são muito baixos. | Os custos envolvidos e as competências necessárias situam-se entre os dois outros. |
| 6 | O tratamento térmico é | Não é necessário | Não é necessário |

|  | normalmente necessário para eliminar os efeitos indesejáveis da soldadura. | qualquer tratamento térmico. | qualquer tratamento térmico após a brasagem. |
|---|---|---|---|
| 7 | Uma vez que é efectuada a alta temperatura, não é necessário pré-aquecer o trabalho antes da soldadura. | Pré-aquecimento do peça de trabalho antes de A soldadura é boa para fazer juntas de boa qualidade. | O pré-aquecimento é benéfico para formar uma junta sólida porque a brasagem é efectuada a temperaturas relativamente baixas. |

## 3. SOLDAGEM

A soldadura é um processo de união metalúrgica de duas peças de metal através da aplicação de calor, com ou sem aplicação de pressão e adição de metal de adição. A junta formada é uma junta permanente. Os métodos modernos de soldadura podem ser classificados em duas grandes categorias.

a. Processo de soldadura de plásticos
b. Processo de soldadura por fusão

No processo de soldadura plástica, as peças de metal a unir são aquecidas até ao estado plástico e depois forçadas a unir-se por pressão externa. Este procedimento é utilizado na soldadura por forja, na soldadura por resistência e na soldadura por pontos em que é necessária pressão.

Na soldadura por fusão, o material na junta é aquecido até ao estado fundido e é-lhe permitido solidificar. Isto inclui a soldadura por arco de soldadura a gás e a soldadura Thermit.

As superfícies do metal a unir por qualquer um dos processos de soldadura devem estar suficientemente limpas para permitir que superfícies metálicas limpas entrem em contacto. Nalgumas operações, são aplicados materiais conhecidos como fluxos nas peças a soldar para dissolver os óxidos ou para evitar a formação de óxidos. Os fluxos são diferentes para diferentes metais. Para os materiais ferrosos, o bórax, o carbonato de sódio, etc., têm dado excelentes resultados.

**Tipos de articulações:**

As juntas de soldadura são classificadas como juntas de topo, juntas sobrepostas, juntas em T, juntas de canto e juntas de extremidade. A escolha do tipo de junta é regida pelo tipo de metal a soldar, pela sua espessura e pela técnica de soldadura. A Figura 5.3 mostra os diferentes tipos de juntas utilizadas na soldadura.

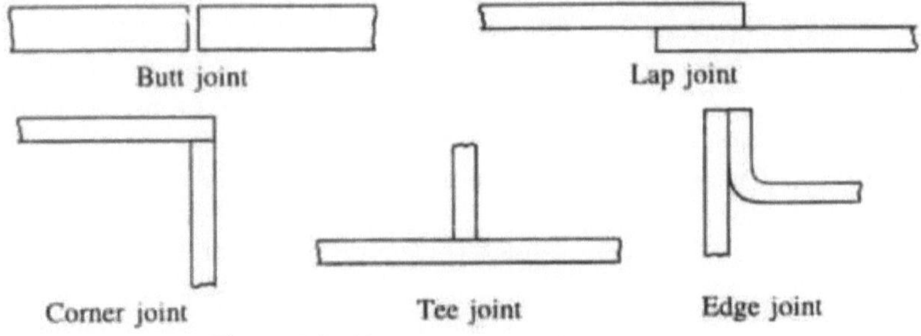

**Figura 5.3 Diferentes tipos de juntas**

## b.1. SOLDAGEM A ARCO:

A soldadura por arco é um método de união de metais através do calor produzido por um arco elétrico. Neste processo, o calor necessário para fundir os bordos do metal a unir é obtido a partir de um arco elétrico entre o elétrodo (vareta de enchimento) e o trabalho, produzindo uma temperatura de $4000^0$ C, na zona de soldadura. O calor do arco derrete o metal de base ou as arestas das peças, fundindo-as. O metal de adição, normalmente adicionado, funde-se e mistura-se com o metal de base fundido para formar o metal de solda. O metal de soldadura arrefece e solidifica para formar a soldadura. Na maioria dos casos, a composição do material de enchimento, conhecido como vareta de soldadura, necessário para fornecer metal extra à soldadura, é a mesma que a do material a ser soldado. A Figura 5.4 mostra uma configuração típica de soldadura por arco, que consiste em

4- Um circuito de soldadura por arco é constituído por uma fonte de alimentação para fornecer energia eléctrica.

4- Um elétrodo para conduzir a eletricidade para o arco.

4- Cabos que ligam a fonte de alimentação ao elétrodo e à peça de trabalho para completar o circuito de soldadura.

4- O próprio arco fornece o calor para a soldadura.

A peça a soldar é mantida sobre uma mesa metálica.

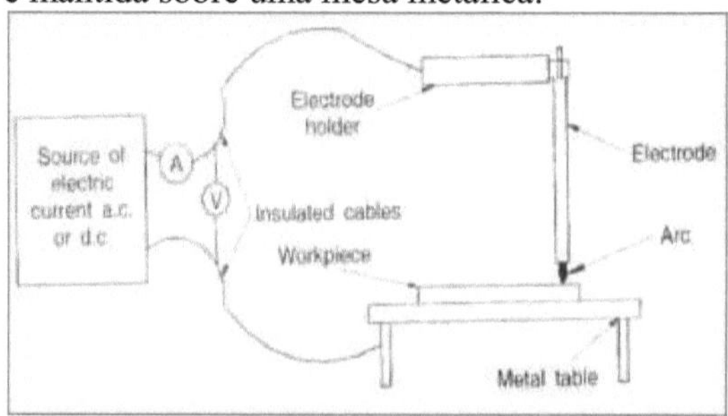

**Figura 5.4 Configuração da soldadura por arco**

O arco deve ser protegido porque, à medida que endurece, o metal fundido combina-se com o oxigénio e o azoto para formar impurezas que enfraquecem a soldadura. A proteção pode ser obtida através da adição de uma pasta, pó ou fluxo fibroso ao arco. Os eléctrodos são normalmente revestidos com um fluxo. Este revestimento forma uma nuvem gasosa que protege o metal fundido da atmosfera. O revestimento também forma uma escória protetora. A escória flutua sobre a poça de fusão e endurece à medida que a soldadura arrefece. Isto mantém as impurezas fora da soldadura. O processo é mostrado na Figura 5.5.

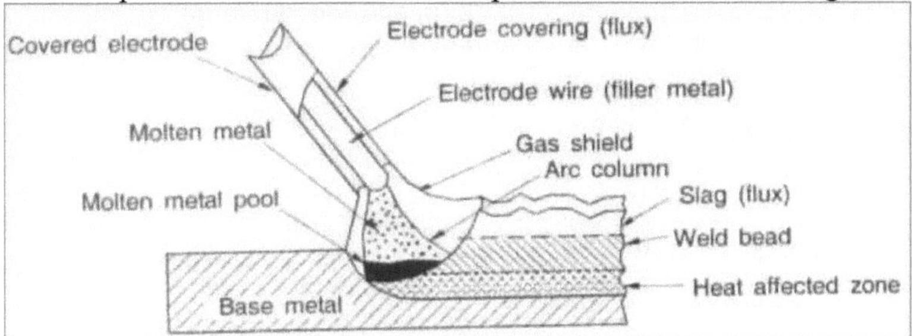


**Figura 5.5 Processo de soldadura por arco**

**Vantagens:**

1. Como processo manual, é aplicável a uma variedade infinita de trabalhos e pode ser executado em qualquer posição.
2. O empeno e a deformação da obra são menores.
3. Produz soldaduras fortes, sólidas e dúcteis.
4. Podem ser produzidas soldaduras satisfatórias tanto em secções pesadas como em secções leves.
5. Processo de baixo custo.
6. Podem ser obtidas excelentes propriedades de junta em aços macios, de baixa liga e inoxidáveis, níquel e ligas à base de cobre.
7. Necessidade de pouca precisão na configuração.

**Desvantagens:**

1. Basicamente, trata-se de um processo manual que requer a competência adequada do operador para obter bons resultados.
2. Os eléctrodos necessitam de ser mudados frequentemente.
3. São necessárias soldaduras de vários ciclos em chapas espessas - é necessário lascar a escória após cada ciclo.
4. A principal desvantagem tem sido o elevado calor do arco metálico, que o torna inadequado para utilização em materiais com menos de 1,55 mm de espessura.
5. Custo inicial elevado do equipamento de soldadura.

## 3.2.SOLDADURA A GÁS

A soldadura a gás é um processo de soldadura por fusão, no qual é utilizada uma chama produzida pela combustão de gases para fundir o metal. O metal fundido é deixado fluir em conjunto, formando assim uma junta sólida contínua após o arrefecimento. A queima de oxigénio puro em combinação com outros gases, em tochas especiais, permite obter uma chama de até $3300^0$ C. O gás é adquirido em cilindros e ligado a mangueiras flexíveis ligadas ao bico através de válvulas

e manómetros. Um arranjo típico é mostrado na Figura 5.6.
A chama de oxi-acetileno é utilizada para pré-aquecer as peças a soldar à volta da junta e também para fundir o metal de adição. Um jato de chama de oxi-acetileno que sai do bocal de um queimador é jogado na junção das duas peças a soldar. Ao mesmo tempo, uma vareta de enchimento é mantida na zona do jato e a sua fusão é depositada na junção fundida. A soldadura é obtida após a solidificação do metal fundido. O revestimento da vareta de enchimento actua como um fluxo para manter a junta limpa. O metal de adição ou a vareta de adição utilizada deve combinar-se com as peças que estão a ser unidas. O ponto de fusão do metal de adição deve ser igual ou inferior ao ponto de fusão do metal que está a ser unido.

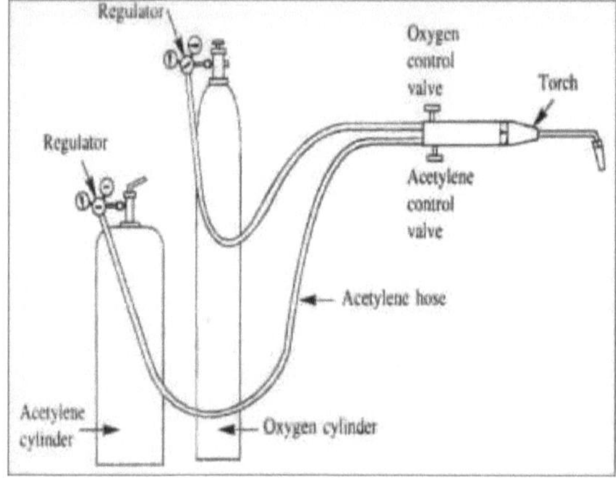


**Fig 5.6 Aparelho de soldadura a gás**

## Tipos de chamas

**4- Chama neutra:** O ajuste correto da chama é muito importante para trabalhos fiáveis. Quando o oxigénio e o acetileno são fornecidos à tocha em volumes quase iguais, é produzida uma chama neutra com uma temperatura máxima de $3200^0$ C. Esta chama neutra é desejada para a maioria das operações de soldadura. A chama neutra tem pouco efeito sobre o metal de base e são produzidas soldaduras sólidas quando comparadas com outras chamas. A Figura 5.6 mostra uma chama neutra.

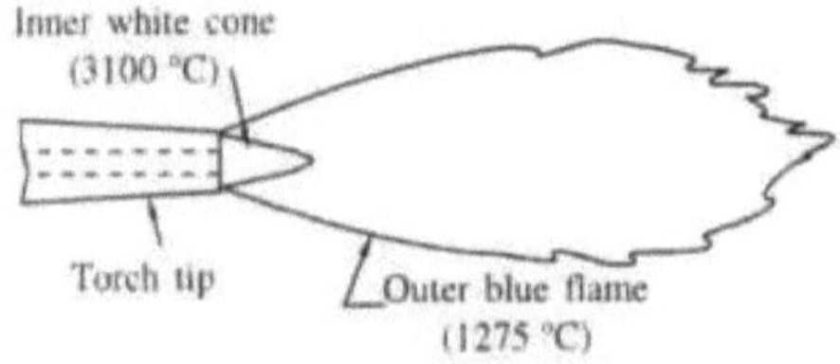


**Fig 5.7 Chama neutra**

**4- Chama de carbonização:** Numa chama de carbonização ou chama redutora está presente um excesso de acetileno. A temperatura desta chama é baixa. O excesso de carbono não queimado é absorvido pelos metais ferrosos, tornando a solda dura e quebradiça. Entre a chama azul exterior e o cone branco interior, existe uma pena de chama intermédia, de cor avermelhada. O comprimento da pena de chama é uma indicação do excesso de acetileno presente. A Figura 5.8 mostra uma chama de carbonização. A chama de carbonização é utilizada para soldar aços com elevado teor de carbono e ferro fundido, ligas de aço e para o revestimento duro.

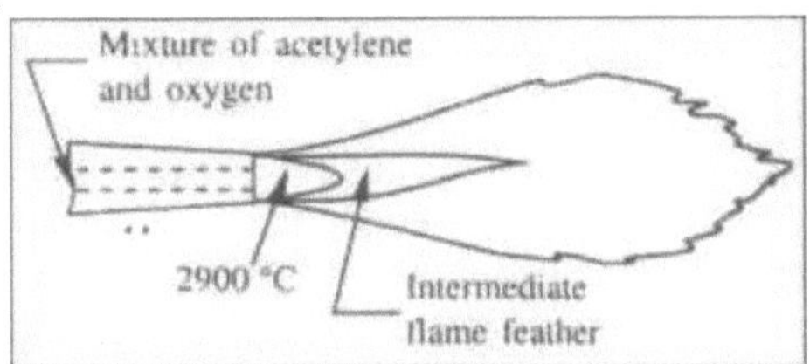


**4- Chama oxidante:** Numa chama oxidante está presente um excesso de oxigénio. A chama é semelhante à chama neutra, com a exceção de que o cone branco interior é um pouco pequeno, dando origem a temperaturas de ponta mais elevadas. O excesso de oxigénio na chama oxidante faz com que o metal se queime ou oxide rapidamente. A chama oxidante (Fig. 5.9) é útil para a soldadura de algumas ligas não ferrosas, como as ligas à base de cobre e zinco. A Figura 7 mostra a chama oxidante.

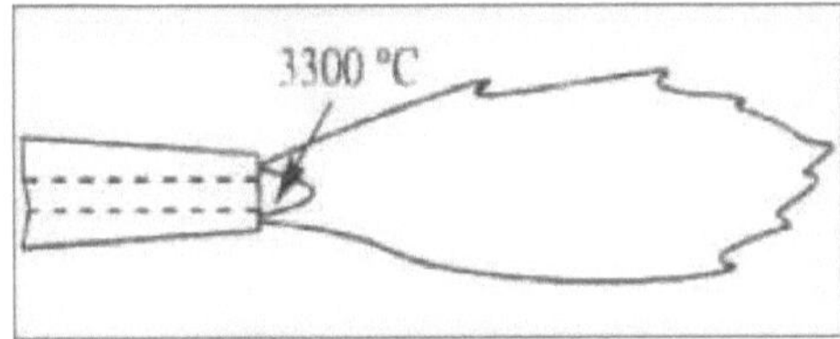


**Fig 5.9 Chama oxidante**

**Vantagens:**

1. O equipamento não é dispendioso em termos de complexidade e é facilmente transportável.
2. Útil para soldar metais leves, como carroçarias de automóveis e trabalhos de reparação.
3. É possível soldar uma grande variedade de materiais.
4. As soldaduras podem ser produzidas a um custo razoável.
5. Em comparação com a soldadura por arco elétrico, isto proporciona uma maior flexibilidade no que diz respeito ao impacto do calor e às taxas de arrefecimento.

**Desvantagens:**

1. O equipamento de soldadura a gás deve ser sempre manuseado com cuidado, uma vez que, em determinadas circunstâncias, o acetileno é explosivo (quando uma chama é aplicada sob pressão), tal como o oxigénio, quando utilizado numa atmosfera oleosa (como um poço sujo de uma garagem antiga).
2. Uma chama de alta temperatura de um maçarico manual é perigosa quando manuseada de forma descuidada.
3. É muito mais lenta do que a soldadura por arco elétrico e não concentra o

calor perto da soldadura. Assim, a área tratada termicamente é maior, o que causa mais distorção.

4. São necessários operadores altamente qualificados para produzir uma boa soldadura.
5. Se a soldadura por arco elétrico estiver disponível, a soldadura a gás é raramente utilizada para trabalhos com mais de 3,2 mm de espessura.
6. O processo não é satisfatório para secções pesadas.

### 3.3.Soldadura TIG:

**Princípio:** A soldadura TIG funciona com base no mesmo princípio da soldadura por arco. Num processo de soldadura TIG, é produzido um arco de alta intensidade entre o elétrodo de tungsténio e a peça de trabalho. Nesta soldadura, a maior parte da peça de trabalho é ligada ao terminal positivo e o elétrodo é ligado ao terminal negativo. Este arco produz energia térmica que é posteriormente utilizada para unir a chapa metálica através da soldadura por fusão. É também utilizado um gás de proteção que protege a superfície de soldadura da oxidação.

**Trabalhar:**

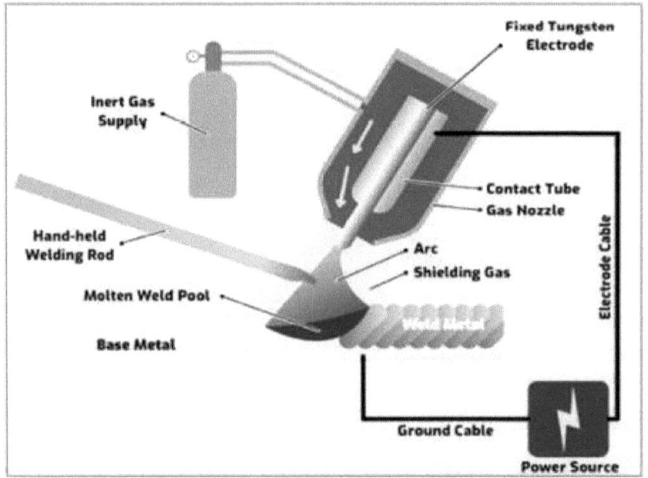


**Fig 5.10 Princípio do processo de soldadura TIG**

O funcionamento da soldadura TIG pode ser resumido da seguinte forma.

> Em primeiro lugar, a fonte de energia fornece uma corrente elevada de baixa tensão ao elétrodo de soldadura ou ao elétrodo de tungsténio. Na maior parte dos casos, o elétrodo é ligado ao terminal negativo da fonte de energia e a peça de trabalho ao terminal positivo.

> A corrente fornecida forma uma faísca entre o elétrodo de tungsténio e a peça de trabalho. O tungsténio é um elétrodo não consumível, que produz um arco altamente intenso. Este arco produz calor que funde os metais de base para formar a junta de soldadura.

> Os gases blindados, como o árgon e o hélio, são fornecidos à tocha de soldadura através de uma válvula de pressão e de uma válvula de regulação.

Estes gases formam um escudo que não permite a entrada de oxigénio e de outros gases reactivos na zona de soldadura. Estes gases também criam plasma que aumenta a capacidade de calor do arco elétrico, aumentando assim a capacidade de soldadura.

> Para soldar material fino não é necessário metal de enchimento, mas para fazer juntas espessas é utilizado algum material de enchimento sob a forma de varetas que são introduzidas manualmente pelo soldador na zona de soldadura.

**Aplicação:**

Principalmente utilizado para soldar alumínio e ligas de alumínio.

É utilizado para soldar aço inoxidável, ligas à base de carbono, ligas à base de cobre, ligas à base de níquel, etc.

É utilizado para soldar metais diferentes.

É utilizado principalmente nas indústrias aeroespaciais.

**Vantagens e desvantagens:**

**Vantagens:**

A soldadura TIG proporciona uma junta mais forte em comparação com a soldadura por arco de proteção.

A junta é mais resistente à corrosão e dúctil.

É possível formar uma grande variedade de modelos de juntas.

Não necessita de fluxo.

Pode ser facilmente automatizado.

Esta soldadura é adequada para chapas finas.

Proporciona um bom acabamento da superfície porque os salpicos de metal ou as faíscas de soldadura são insignificantes e danificam a superfície.

É possível criar uma junta sem falhas devido ao elétrodo não consumível.

Maior controlo dos parâmetros de soldadura em comparação com outras soldaduras.

Tanto a corrente AC como a DC podem ser utilizadas como fonte de alimentação.

**Desvantagens:**

A espessura do metal a soldar é limitada a cerca de 5 mm.

Exigia mão de obra altamente qualificada.

O custo inicial ou de instalação é elevado em comparação com a soldadura por arco.

*J* É um processo de soldadura lento.

**3.4.Soldadura MIG:**

**Princípio:** A soldadura MIG funciona segundo o mesmo princípio da soldadura TIG ou por arco. Funciona com base no princípio básico da geração de calor devido ao arco elétrico. Este calor é posteriormente utilizado para fundir o elétrodo consumível e o metal da placa de base, que solidificam em conjunto e formam uma junta forte. Os gases de proteção são também fornecidos através de um bocal que protege a zona de soldadura de outros gases reactivos. Isto dá um bom acabamento superficial e uma junta mais forte.

**Componentes da soldadura MIG**

**Fonte de energia:** Neste tipo de processo de soldadura, é utilizada uma fonte de alimentação CC com polaridade inversa. A polaridade inversa significa que o elétrodo ou, no caso da soldadura MIG, o fio do elétrodo está ligado ao terminal positivo e a peça de trabalho ao terminal negativo. Isto deve-se ao princípio do circuito elétrico que afirma que 70% do calor está sempre no lado positivo. Assim, a polaridade inversa garante que a quantidade máxima de calor seja libertada no lado da ferramenta, o que derrete o metal de adição de forma adequada. A polaridade direta pode causar um arco instável que resulta em grandes salpicos. A fonte de energia é constituída por uma fonte de alimentação, um transformador, um retificador que transforma CA em CC e alguns controlos electrónicos que controlam o fornecimento de corrente de acordo com os requisitos da soldadura

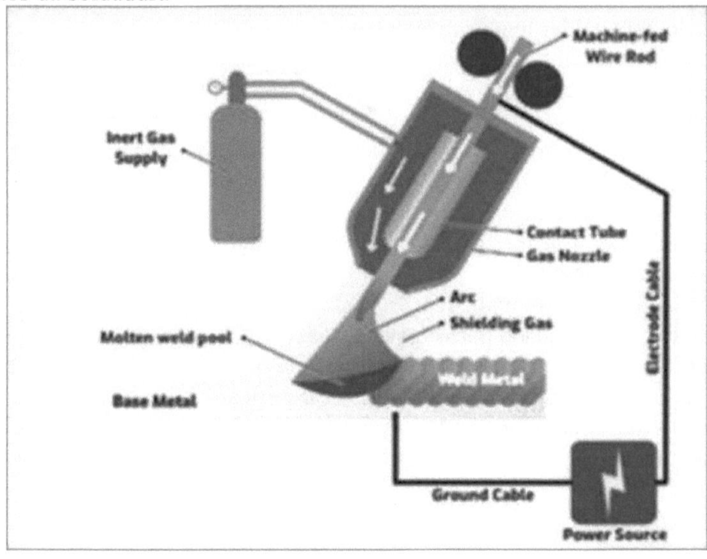


**Fig 5.11 Processo de soldadura MIG**

**4- Sistema de alimentação de arame:** Sabemos que a soldadura MIG necessita de um fornecimento contínuo de eléctrodos consumíveis para a soldadura de duas chapas. Este elétrodo consumível é utilizado sob a forma de fio. Este fio é continuamente fornecido por um mecanismo ou sistema de alimentação de fio. Este controla a velocidade do fio e também empurra o fio da tocha de soldadura para a área de soldadura. Estes estão disponíveis em diferentes formas e tamanhos. Consiste num suporte para o fio, um motor de acionamento, um conjunto de rolos de acionamento e controlos de alimentação do fio. A velocidade de alimentação do fio é controlada diretamente pelo fornecimento de corrente através da fonte de alimentação. Se a velocidade de alimentação do fio for elevada, é necessária mais corrente na zona de soldadura para produzir o calor adequado para a sua fusão.

**4- Tocha de soldadura:** Esta tocha é ligeiramente diferente da utilizada na soldadura TIG. Nesta tocha existe um mecanismo que segura o fio e o fornece continuamente com a ajuda de um alimentador de fio. A parte da frente da tocha está equipada com um bocal. O bocal é utilizado para fornecer gases inertes. Estes gases formam uma área de proteção em torno da zona de soldadura e protegem-na da oxidação. A tocha de soldadura é arrefecida a ar ou a água, de acordo com os requisitos.

Para uma alimentação de corrente elevada, a tocha é arrefecida a água e para uma alimentação fraca é arrefecida a ar.

4- **Gases de proteção:** A principal função dos gases de proteção é proteger a área de soldadura de outros gases reactivos, como o oxigénio, etc., que podem afetar a resistência da junta de soldadura. Estes gases de proteção também formam plasma que ajuda na soldadura. A escolha do gás depende do material de soldadura. Na maioria dos casos, utiliza-se árgon, hélio e outros gases inertes como proteção

gases.

5- **Reguladores:** Como o nome indica, são utilizados para regular o fluxo de gases inertes do cilindro. Os gases inertes são introduzidos na garrafa a alta pressão. Estes gases não podem ser utilizados a esta pressão, pelo que é utilizado um regulador entre o fornecimento de gases, que baixa a pressão dos gases de acordo com os requisitos de soldadura.

**Trabalhar:**

O seu funcionamento pode ser resumido da seguinte forma.

6- Em primeiro lugar, uma corrente de alta tensão é transformada em corrente contínua com alta corrente e baixa tensão. Esta corrente passa através do elétrodo de soldadura.

7- Um fio consumível é utilizado como elétrodo. O elétrodo é ligado ao terminal negativo e a peça de trabalho ao terminal positivo.

8- Entre o elétrodo e a peça de trabalho gera-se um arco fino e intenso devido à alimentação eléctrica. Este arco é utilizado para produzir calor que funde o elétrodo e o metal de base. A maior parte do elétrodo é feita pelo metal de base para fazer uma junta uniforme.

9- Este arco é bem protegido por gases de proteção. Estes gases protegem a soldadura de outros gases reactivos que podem danificar a resistência da junta de soldadura.

10- Este elétrodo desloca-se continuamente na área de soldadura para fazer uma junta de soldadura adequada. O ângulo da direção de deslocação deve ser mantido entre 1015 graus. Para juntas de filete, o ângulo deve ser de 45 graus.

**Aplicações:**

O MIG é mais adequado para o fabrico de chapas metálicas.

Geralmente, todos os metais disponíveis podem ser soldados através deste processo.

Pode ser utilizado para soldadura de ranhuras profundas.

**Vantagens:**

Proporciona uma taxa de deposição mais elevada.

É mais rápida em comparação com a soldadura por arco porque fornece material de enchimento continuamente.

Produz uma soldadura limpa e de melhor qualidade.
Não há formação de escórias.
Minimizar os defeitos de soldadura.
Esta soldadura produz muito pouca escória.
Pode ser utilizado para fazer soldadura de ranhuras profundas.
Pode ser facilmente automatizado.

**Desvantagens:**

Não pode ser utilizado para soldar em zonas de difícil acesso.
Custo inicial ou de instalação mais elevado.
Não pode ser utilizado para trabalhos no exterior porque o vento pode danificar a proteção do gás.
Exigia mão de obra altamente qualificada.

## REFERÊNCIAS

[1.] Elementos de Engenharia Mecânica, H.G. Patil, B.Y.Patil, Dream Tech Press, 2020
[2.] Tecnologia de fabrico - Fundição, Conformação e Soldadura, P.N.Rao Tata McGraw Hill, Volumen 1, 5th Editon Edition, 2018.
[3.] Workshop Technology Volume-1 Manufacturing Process, SK Hajra Choudhary, AK Hajra Choudhary, Nirjhar Roy, Media Promoters and Publishers Pvt. Ltd., 2018.
[4.] Elementos de Engenharia Mecânica, K R Gopala Krishna, Sudhir Gopalakrishna, Dr.Girish H.N, Subhash Publications, 2019.
[5.] Elementos de Engenharia Mecânica, Mahesh Kumar, Dreamtech Press, 2019.
[6.] Objetivo Engenharia Mecânica, Dr. Deepak Pathak, Publicações Sahitya Bhawan, 2019.
[7.] Introdução aos materiais de engenharia, B Agarwal, McGraw Hill Education, 2017.
[8.] Elementos de Engenharia Mecânica, Sadhu Singh, S Chand & Company Limited, 2010.
[9.] Fundamentals of Mechanical Engineering, G. S. Sawhney, PHI learning private limited, 2015.
[10.] Engenharia Mecânica Básica, Pravin Kumar, Pearson Education, 2nd Edição, 2018.

Printed by Books on Demand GmbH, Norderstedt / Germany